ÉCOLE NATIONALE VÉTÉRINAIRE D'ALFORT

Année 1929

N°

THÈSE

POUR LE

DOCTORAT VÉTÉRINAIRE

(DIPLÔME D'ÉTAT)

Soutenue devant la Faculté de Médecine de Paris en 1929

PAR

Albert-Louis-Marin HOUDINIÈRE

né à Paris, le 5 Août 1905

La Recherche des Vitamines
dans l'Avoine aplatie

JURY {
Président : M. RATHERY, professeur à la Faculté de Médecine.
Assesseurs : M. DECHAMBRE, M. MAIGNON, professeurs à l'École Nationale Vétérinaire d'Alfort.

PARIS

IMPRIMERIE DU MONTPARNASSE ET DE PERSAN-BEAUMONT
47, Rue de la Gaîté (XIVᵉ)

1929

L'AVOINE APLATIE

LA RECHERCHE DES VITAMINES

A MON PÈRE
*qui a su me donner
une profession et un but.*

A MA MÈRE
en témoignage de ma profonde affection.

A MA FAMILLE

A Monsieur le Professeur RATHERY

*qui nous a fait l'honneur
d'accepter la présidence de cette thèse.*

A SES ASSESSEURS :

Monsieur le Professeur DECHAMBRE

*en témoignage de notre reconnaissance
pour l'intérêt qu'il nous a toujours porté au cours de
nos études et en particulier pendant l'élaboration
de ce modeste travail.*

Monsieur le Professeur MAIGNON

*qui n'a jamais cessé
de nous prodiguer les plus utiles conseils.*

ÉCOLE NATIONALE VÉTÉRINAIRE D'ALFORT

Année 1929   N°

THÈSE

POUR LE

DOCTORAT VÉTÉRINAIRE

(DIPLÔME D'ETAT)

Soutenue devant la Faculté de Médecine de Paris en 1929

PAR

Albert–Louis–Marin HOUDINIÈRE

né à Paris, le 5 Août 1905

La Recherche des Vitamines
dans l'Avoine aplatie

JURY { *Président* : M. RATHERY,   professeur à la Faculté de Médecine.
Assesseurs { M. DÉCHAMBRE   } professeurs à l'École Nationale Vétérinaire d'Alfort.
           { M. MAIGNON

PARIS

IMPRIMERIE DU MONTPARNASSE ET DE PERSAN-BEAUMONT

47, Rue de la Gaîté (XIVᵉ)

1929

PERSONNEL ENSEIGNANT DE L'ÉCOLE VÉTÉRINAIRE D'ALFORT

Directeurs honoraires : MM. P.-J. CADIOT et H. VALLÉE

Directeur : M. E. NICOLAS

Professeurs honoraires : MM. G. BARRIER, Inspecteur général honoraire des Ecoles Vétérinaires, P.-J. CADIOT, A. RAILLIET, H. VALLÉE

PROFESSEURS & CHARGÉS DE COURS

MM.

Anatomie descriptive des animaux domestiques	BRESSOU.
Physiologie, thérapeutique générale	MAIGNON.
Physique et Chimie médicales, toxicologie, pharmacie	NICOLAS.
Parasitologie et maladies parasitaires, clinique ; Zoologie . . .	HENRY.
Pathologie médicale des équidés et des carnassiers, clinique ; sémiologie et propédeutique, jurisprudence	ROBIN.
Pathologie chirurgicale des équidés et des carnassiers, clinique ; anatomie chirurgicale, médecine opératoire et ferrure . . .	COQUOT.
Pathologie bovine, ovine, caprine, porcine et aviaire, clinique ; médecine opératoire, obstétrique	MOUSSU.
Pathologie générale et microbiologie, maladies microbiennes et police sanitaire, clinique.	PANISSET.
Histologie et embryologie, anatomie pathologique ; autopsies .	PETIT.
Zootechnie et économie rurale	DECHAMBRE.
Agronomie, botanique et hygiène ; matière médicale.	DECHAMBRE et HENRY.
Industrie et contrôle des produits d'origine animale	VERGE.

PROFESSEURS AGRÉGÉS

MM. LESBOUYRIES — VERGE

CHEFS DE TRAVAUX

MM. DELMER — MONVOISIN — MOUSSU (R.)

Nota. — *Au cours du texte, les chiffres mis entre parenthèses après la citation de noms d'auteurs se réfèrent à la Bibliographie placée à la fin de l'ouvrage et ordonnée par ordre alphabétique.*

L'AVOINE APLATIE

LA RECHERCHE DES VITAMINES

INTRODUCTION

Depuis la guerre, dans le domaine de la zootechnie, le problème alimentaire est à l'ordre du jour. Certes la question, complexe entre toutes, n'a jamais cessé de passionner les hommes de science. Le fait digne de remarque est qu'à l'heure présente les éleveurs en suivent les progrès avec un intérêt croissant. Apparemment cette évolution a son point de départ dans les difficultés d'après guerre. En particulier, la nécessité de reconstituer le cheptel, l'augmentation du prix des denrées alimentaires, et, d'une manière générale, les circonstances de la crise économique, que traverse le pays, ont orienté les éleveurs vers des méthodes d'alimentation rationnelle, qui, tout en maintenant la qualité de la production, en abaissent sensiblement le prix de revient. Le choix de l'aliment, la composition de la ration, sont devenues l'objet de leurs préoccupations, comme aussi les préparations, qu'il convient dans certains cas de faire subir à la nourriture et qui ont pour but d'en augmenter le coefficient de digestibilité.

C'est ainsi que l'attention a été appelée sur un mode de préparation de l'avoine, aliment de base de l'espèce chevaline. L'aplatissage de la céréale est, sous certaines conditions, une opération qui, au point de vue économique, est susceptible de donner des résultats avantageux. Elle semble donc recommandable a priori. Cependant l'emploi de l'avoine aplatie a soulevé d'assez nombreuses critiques et quelques auteurs ont émis l'hypothèse que l'aplatissage devait détruire certaines substances indispensables, incluses dans l'avoine entière, en particulier des vitamines.

Le présent travail a été entrepris en vue d'éclaircir ce point. Nous nous excusons d'ailleurs de n'avoir pu traiter le problème dans toute son étendue et, en particulier, de nous être tenus dans le domaine purement scientifique. Trop heureux serons-nous si nos efforts ont contribué à élucider cette partie de la question.

Pour l'intelligence du problème, que nous avions à résoudre, nous avons cru utile de rappeler au début des notions succinctes sur la constitution du grain d'avoine et sur sa grande valeur alimentaire. Nous avons examiné ensuite ses modes d'emploi dans l'alimentation et nous n'avons exposé le résultat de nos recherches qu'après avoir donné sur les vitamines tous les renseignements généraux nécessaires.

C'est notre éminent professeur, M. Dechambre, qui nous a indiqué le sujet de nos recherches. Au cours de notre travail, comme au cours de nos études, tant à l'Ecole nationale d'Agriculture de Grignon qu'à l'Ecole nationale vétérinaire d'Alfort, il n'a cessé de nous guider et de nous donner les plus utiles conseils. Nous le prions de bien vouloir recevoir l'hommage de notre gratitude profonde.

Il nous est également agréable d'adresser nos vifs remerciements à M. H. Simonnet, auprès de qui nous avons trouvé des indications très précieuses.

CHAPITRE I

Documentation sommaire sur l'Avoine

Importance de la culture. — Si nous examinons les plus récentes statistiques, nous voyons que, parmi toutes les céréales françaises, l'avoine occupe une place des plus importantes.

Elle vient immédiatement après le froment et elle couvre en France un quart environ de l'étendue consacrée aux céréales.

	Nombre	
	d'hectares	de quintaux
1901	4.000.000	41.000.000
1913	3.979.000	51.826.010
1925	3.479.000	47.558.070
1926	3.511.530	52.852.380
1927	3.457.620	49.827.360

L'examen de ces chiffres montre que, la surface cultivée diminuant, les agriculteurs se sont attachés à augmenter le rendement. C'est ainsi que, dans des sols fertiles, des rendements de 40 quintaux à l'hectare ont été obtenus. A l'école Nationale d'Agriculture de Grignon, il n'est pas rare de récolter 35 et 37 quintaux. Dans le centre de la France la moyenne est de 18 à 20 quintaux. C'est ici, comme en élevage, grâce aux méthodes d'amélioration rationnelle, de sélection en particulier, que de tels résultats ont été atteints. Il faut en rendre hommage à nos maîtres Dechambre et Brétignière.

Notons aussi que la récolte est très variable suivant les années. Toute la production est destinée à l'alimentation des animaux, hormis l'avoine conservée pour la semence et l'avoine exportée.

En 1926, il a été exporté 61.624 quintaux (d'avoine Française).

En 1927 — 127.472 —
En 1928 — 199.389 —

Ces chiffres sont inférieurs à ceux des importations. Les avoines importées nous arrivent principalement des Etats-Unis, de la République Argentine, d'Algérie.

De 1891 à 1900, il a été importé chaque année de un à deux millions de quintaux.

En 1900 il a été importé 2.200.049 quintaux (Avoine livrée à la consommation).

En 1901 — 4.178.125 —
En 1902 — 2.065.547 —
En 1925 — 1.492.544 —
En 1926 — 1.138.200 —
En 1927 — 595.492 —
En 1928 — 421.246 —

Les importations sont légèrement supérieures aux exportations. Comme d'autre part la production nationale n'a fléchi qu'en minime proportion, malgré la réduction des surfaces cultivées, c'est que la consommation d'avoine à la ferme demeure la même qu'autrefois. Cette conclusion s'accorde avec les statistiques de dénombrement de l'espèce chevaline en France.

Depuis la guerre, on constate une augmentation continuelle du nombre des chevaux, et, à l'heure actuelle, leur nombre est redevenu ce qu'il était en 1900 : en dix ans, il s'est accru d'un demi-million. Compte tenu de la disparition des chevaux de ville et du développement de la traction automobile, il faut admettre que cette augmentation se localise dans les exploitations rurales, où le perfectionnement des méthodes de culture exige une cavalerie plus nombreuse et mieux nourrie qu'autrefois. Ajoutons d'ailleurs que la production d'avoine peut rester à peu près stationnaire, les méthodes d'alimentation rationnelle, dont la pratique se répand de plus en plus, permettant de substituer en partie à cette céréale d'autres éléments également nutritifs.

Contrairement à l'opinion répandue dans le public, la diminution du nombre des chevaux ne suit pas le développement de la traction automobile : ceci ne tuera pas cela.

Structure du grain d'Avoine. — Ce que l'on appelle communément « grain d'avoine » n'est pas un grain, mais exactement un « fruit vêtu ». Il est formé de deux parties bien distinctes : au centre, ce que l'on désigne couramment sous le nom d'amande ; à la périphérie, l'élément protecteur, les glumelles.

Les glumelles représentent le périanthe rudimentaire de la fleur, et, de ce fait, ne participent en rien dans la constitution du fruit. Elles sont formées de couches successives de cellules ligneuses et cellulosiques de faible valeur nutritive.

Elles sont au nombre de deux. L'une, dite supérieure, la moins importante, est bicarénée, de consistance plus faible que sa congénère, qui l'embrasse par ses bords. Cette dernière, dite inférieure est seule susceptible de porter parfois une arête ou barbe qui se détache vers le milieu de son dos.

Les épidermes internes et externes de ces glumelles sont garnis de poils très courts et de stomates. Il est des variétés d'avoine, — les études de Denaiffe et Sirodot l'ont montré, — dont les glumelles sont abondamment pourvues de cils, de poils et même de soies localisées surtout au talon du grain.

L'amande, partie nutritive et essentielle du grain d'avoine, est un caryopse, fruit sec indéhiscent, dont la graine proprement dite est soudée intimement par sa surface au péricarpe velu du fruit.

Les poils de ce péricarpe sont formés d'une cellule unique de forme conique (Villiers, Collin, Fayolle) ; particulièrement visibles au sommet du grain, ils y forment une brosse, analogue à celle que l'on trouve sur le grain de blé.

Comme pour les glumelles, ces productions pileuses sont plus ou moins abondantes suivant les variétés d'avoine.

Coupons ce caryopse longitudinalement suivant un plan passant par le sillon. Macroscopiquement, on remarque que la graine renferme un abondant albumen amylacé (a) à la base et en dehors duquel, sur la face antérieure et convexe du fruit, se trouve situé l'embryon.

Examinons au microscope une coupe longitudinale passant par le plan médian de l'embryon. Les assises extérieures, dont les deux premières sont formées de cellules allongées, n'appartiennent pas au grain et représentent le péricarpe de l'avoine (p).

La première couche du grain proprement dit est la couche qui représente le testa (*te*) correspondant à la paroi interne de l'ovule devenu graine, l'assise externe ou tegmen étant disparue.

Puis vient la couche à grain d'aleurone, assise protéique externe de l'albumen, à cellules cuboïdes et à grosses membranes. (*d*). L'embryon est profondément différencié. Noùs empruntons sa description à Denaiffe et Sirodot (2) dans leur traité de « l'Avoine ».

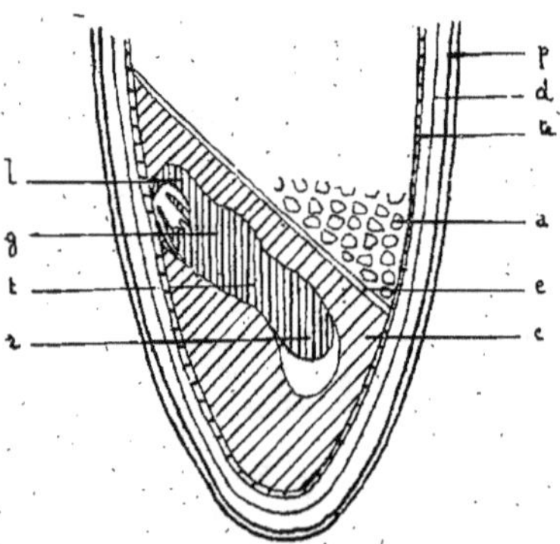

Coupe longitudinale passant par le plan médian de l'embryon

Sa tigelle (*t*) porte sur sa face postérieure un large cotylédon, qui descend le long de son extrémité inférieure et en même temps se reploie en avant de manière à envelopper cet embryon comme dans un manteau. Aussi, pour cette raison, est-il fréquemment désigné dans les céréales par le nom de «Scutellum». Son épiderme extérieur (*e*) est intimement appliqué contre l'albumen. Cet epithélium, formé de cellules en palissade, joue un rôle important dans le développement de l'embryon. C'est lui qui secrète les diastases, qui dissolvent les grains d'amidon, pour les mettre à la disposition de la jeune plantule.

En bas, la tigelle se continue par une racine terminale (*r*). En haut, elle porte immédiatement au-dessus du cotylédon et en superposition avec lui une gaine membraneuse binerve, qui n'est autre chose que la ligule du cotylédon ; puis vient une seconde feuille, suivie à son tour de plusieurs autres plus petites croissant toujours dans un ordre distique. L'ensemble formé par la ligule cotylédonaire (*l*) et par les feuilles incluses constitue une gemmule fort développée (*g*).

Valeur alimentaire de l'Avoine. — Dans les domaines chimique, physique et biologique, la physiologie moderne nous apprend que l'aliment doit satisfaire aux conditions suivantes :

1º Réunir tous les principes nutritifs.

2º Grouper les qualités physiques nécessaires (consistance, volume).

3º Posséder des qualités gustatives pour éviter le dégoût et la satiété.

Mise à part la question des vitamines, qui sera examinée plus loin, les règles, qui président à la réalisation des conditions précédentes, c'est-à-dire les méthodes de rationnement, ont fait l'objet d'un exposé magistral de Dechambre et Curot (1) dans les « Aliments du Cheval ». Voyons sommairement leur application à l'aliment avoine.

A) LES PRINCIPES NUTRITIFS

Voici tout d'abord, empruntés à ces auteurs, la composition chimique d'une avoine moyenne :

	Principes	
	bruts	digestibles
Matières azotées	10,5	8,3
Matières grasses	4,8	4,
Hydrates de Carbone......	58	44,7
Cellulose	10,3	2,6
Matières minérales	3,35	
Acide phosphorique	0,75	
Matière sèche	87,7	

1º Les éléments organiques. — Ce qui frappe à première vue dans cette analyse, c'est la teneur élevée en hydrates de carbone, élément de conservation du potentiel énergétique et l'on conçoit, dès lors, les raisons qui font de l'avoine un aliment si recherché pour les moteurs, les jeunes et les reproducteurs.

On peut constater également que l'avoine renferme bien tous les principes nécessaires. Mais encore faut-il s'assurer qu'ils s'y trouvent en proportion convenable, en quantité et en qualité suffisantes.

L'habileté du praticien, dit Dechambre, consiste à combiner les matières azotées et les matières non azotées en proportion telle que l'animal tire de sa ration le profit maximum.

Pour fixer cette proportion optima, on s'aidera de la connaissance des « Rapports nutritifs » à savoir « Relation nutritive » et « Rapport adipo-protéïque ». Le premier de ces rapports met en évidence le besoin minimum d'azote et le besoin d'énergie. Le second, dont la pratique justifie l'importance, est diversement interprété par les auteurs. Ainsi, Maignon (1) voit dans la présence de matières grasses une action antitoxique vis à vis des albumines.

Ces rapports, conseillent notre maître Dechambre, doivent être maintenus, le premier aux environs de 1/5, le second entre 1/2 et 1/3,5.

Appliquons ces données à l'avoine.

$$\text{Relation nutritive} = \frac{\text{Matières azotées}}{\text{Extr}^{ts} \text{ non azotés} + (\text{Graisse} \times 2,2)} = \frac{8,3}{44,7 + 4 \times 2,2} = \frac{1}{4,7}$$

$$\text{Rapport Adipo-protéïque} = \frac{\text{Matière grasse}}{\text{Protéïne}} = \frac{4}{8,3} = \frac{1}{2,07}$$

L'examen de ces chiffres montre donc que l'avoine réalise les conditions exigées pour les rapports nutritifs ; et si on compare à ceux des autres céréales la relation nutritive et le rapport adipo-protéïque trouvés ci-dessus pour l'avoine, on constate que si la relation nutritive est peu différente, il n'en est pas de même pour le rapport adipo-protéïque, qui très voisin du rapport rationnel dans l'avoine est dans les autres grains (sauf dans le sarrazin) tantôt trop faible, tantôt trop fort.

La richesse de l'avoine en matières azotées est telle qu'elle permet de substituer à une partie de l'avoine un aliment moins riche en azote, le foin, aliment de lest, dont l'introduction dans la ration, est, comme nous le verrons plus loin, nécessaire.

Non seulement, cette matière azotée est abondante, mais elle est aussi de qualité : le tryptophane, la lysine, la cystine, l'histidine et l'arginine, qu'elle renferme sont en effet, parmi les 18 acides aminés connus, au nombre de ceux que l'analyse

biologique a révélés comme indispensables à l'organisme et
dont ce dernier ne peut faire la synthèse. (L'abondance de
la lysine constitue en faveur de l'avoine un élément de supériorité sur le Maïs qui en est presque dépourvu).

En résumé, on voit que l'avoine moyenne, dont la composition a servi de base aux calculs ci-dessus, remplit pleinement
au point de vue de ses principes organiques les conditions
qu'exige une alimentation rationnelle.

Il faut d'ailleurs observer que les chiffres utilisés sont très
variables suivant les avoines ; ces variations, qui peuvent
aller du simple au triple, dépendent notamment de l'époque
de la semaison, du moment de la récolte, du degré de javelage,
que la céréale a subi. Mais, a fortiori, les conclusions, aux-
quelles nous sommes parvenus, s'appliquent aux avoines
plus riches que l'avoine moyenne, d'où l'on est parti, et il est
évident que ces avoines doivent être recherchées et préférées.

Remarquons d'abord, en vue de cette recherche, que
l'amande constitue essentiellement la partie nutritive du
grain, comme nous le verrons plus loin par l'analyse des
écales, et qu'il importe donc d'avoir une avoine, pour laquelle
le rapport en poids des glumelles à l'amande soit aussi réduit
que possible.

La densité de l'avoine fournit quelques indications à cet
égard, les avoines les plus lourdes étant généralement aussi
les plus riches en amande. Dans la pratique, on accorde au
poids de l'avoine une grande valeur. Cependant, avec juste
raison, Dechambre et Curot (2) conseillent de n'attacher
d'importance à la règle du poids qu'à titre de donnée générale.
Deux avoines de même poids n'ont pas nécessairement la
même valeur nutritive : les grains peuvent être de dimensions
différentes, les glumelles de l'une peuvent être plus épaisses.
M. Grandeau a noté pour des avoines très lourdes (dépassant
55 kgs) des teneurs en matière azotée allant de 8,5 % à
10,5 % avec tous les intermédiaires.

D'autre part, le poids de l'avoine est susceptible de grandes
variations, ainsi que l'ont montré Dechambre et Curot (2)
sous l'influence d'autres facteurs tels que le degré d'écartement des glumelles, la teneur en eau, les matières étrangères,
l'étuvage, et il est à souhaiter que la considération du poids
ne serve plus de base unique dans le libellé des marchés.

Le procédé rationnel, auquel on peut recourir, a été indiqué et exposé par les mêmes auteurs (2). C'est celui de la décortication. Il permet d'apprécier le rapport de la balle au grain. Il autorise donc à émettre un avis logique sur la valeur nutritive et doit servir de base dans la pratique, où le recours à l'analyse chimique reste exceptionnel. Nous reviendrons plus tard sur l'importance de cette méthode. Elle permet déjà d'affirmer qu'il faut donner la préférence aux avoines possédant de minces écales. Ainsi se trouvera réduite d'ailleurs la perte sèche représentée par l'achat au prix fort de la grande quantité de paille renfermée dans les balles.

2º **Les éléments minéraux.** — La teneur de l'avoine en matières minérales n'est pas très élevée. Voici d'après L. Randoin et H. Simonnet un tableau indiquant le pourcentage des principaux éléments contenus dans les cendres d'une avoine et d'une paille moyenne.

	Farine d'Avoine %	Paille de céréale %
Phosphore	3,92	0,50
Calcium	0,60	3,70
Magnésium	1,10	1,10
Potassium	3,44	10,20
Fer	0,038	0,085

Nous examinerons seulement comment la valeur alimentaire de l'avoine est liée à la teneur de ce grain en fer, en phosphore et en calcium.

1º *Fer.* — La proportion de fer, faible en apparence, est en réalité importante si on la compare à la teneur d'autres aliments (lait, betteraves, mélasse, navets, carottes). Ce fer est surtout localisé dans les couches extérieures du grain et dans le germe. Gabriel Bertrand et H. Nakamura ont montré qu'il intervient dans la constitution du sang et des tissus. Cette action apporte à la valeur de l'avoine comme aliment une contribution intéressante.

2º *Phosphore et Calcium.* — Le phosphore des céréales est très abondant. On le trouve surtout dans la partie périphérique du grain où il est intimement lié à la matière organique. Bien qu'Armsby soit arrivé à déterminer chez quelques espèces domestiques la rétention quotidienne de cet élément indispensable à l'organisme il est encore difficile de préciser la notion de minimum.

Par contre, les graines des céréales sont pauvres en calcium. Le tableau ci-dessus met le fait en évidence pour l'avoine. Et cependant le besoin de calcium est fondamental, puisque cet élément constitue à lui seul le 1/70 du poids de l'homme.

Ce n'est pas tant d'ailleurs le poids du calcium ingéré qui importe qu'un équilibre convenable entre les poids de phosphore et de calcium inclus dans la ration, ainsi qu'une expérience déjà ancienne de Weiske l'avait montré. On admet aujourd'hui que le rapport $\dfrac{P}{Ca}$ doit être sensiblement égal à 1 (L. Randoin et H. Simonnet). Qu'il varie dans un sens ou dans l'autre, il se produit des troubles de l'ossification. Dans sa thèse sur une maladie de croissance des poulains, Pommelle décrit des lésions, qui se traduisent par une insuffisance de calcification et attribue une des causes principales de cette maladie à un déséquilibre du rapport $\dfrac{P}{Ca}$. Le même déséquilibre rend compte des troubles observés chez les animaux domestiques, recevant une très forte proportion d'aliments dits concentrés.

Les graines, en particulier l'avoine, les tourteaux sont en effet riches en acide phosphorique et pauvres en chaux, et c'est pourquoi les zootechniciens donnent aux éleveurs le conseil d'y associer, dans l'alimentation des herbivores, des foins de pré ou de légumineuses riches au contraire en calcium et pauvres en phosphore.

Comme d'autre part, les graines des céréales apportent dans l'économie un excès d'acidité harmonieusement balancé par l'excès d'alcalinité provenant de la consommation des pailles et des foins (Forbes) on est conduit à se demander si le rapport $\dfrac{P}{Ca}$ n'est pas en relation avec le rapport acidobasique du sang.

Rapprochons à l'appui de cette hypothèse les vues de Drouin (1903), qui fait jouer à l'alimentation un rôle dans la pathogénie des tares osseuses du cheval. Pour cet auteur la prédisposition aux tares semble se produire sous l'influence d'une alimentation pauvre en phosphates de Cao et à réaction acide, — alimentation qui serait celle des animaux vivants sur un terrain acide, lequel d'après André est dépourvu de calcaire (sol tourbeux par ex.).

Il y aurait peut-être là des relations à établir entre les PH. du sol, du végétal et de l'animal d'une part, et d'autre part leur teneur en matières minérales.

Quoiqu'il en soit, pour l'avoine, céréale riche en phosphore et pauvre en chaux, le rapport $\dfrac{P}{Ca}$ est de beaucoup supérieur à l'unité. Il est indispensable de corriger ce déséquilibre par l'adjonction dans la ration d'un élément présentant le déséquilibre inverse, en l'occurrence, le foin ou la paille. Encore faudra-t-il, afin d'assurer à l'animal une nutrition régulière du système osseux, avoir soin d'écarter les adjuvants d'un degré acide marqué et d'une teneur faible en phosphates de chaux (Dechambre et Curot). (3)

B) QUALITÉS PHYSIQUES

Il ne suffit pas de savoir apprécier la valeur nutritive de l'aliment pour avoir une notion complète de sa valeur ; il faut encore connaître les répercussions digestives, que peuvent entraîner ses qualités physiques.

a) Qualités physiques du grain d'avoine.

L'animal n'utilise pas la totalité des substances, qu'il ingère. Il y a pour chaque aliment un coefficient de digestibilité ; c'est le rapport $\dfrac{P - p}{P}$, où P désigne le poids d'aliment ingéré, p le résidu excrémentitiel. En opérant sur une avoine moyenne, P. Gay l'a trouvé égal à 64,53 %.

Si l'on veut obtenir le meilleur rendement alimentaire, il importe d'augmenter ce coefficient le plus possible, en réduisant au minimum les substances non digestibles, en facilitant l'absorption des matières assimilables, en supprimant les causes perturbatrices inhérentes à l'aliment et de nature à gêner le processus digestif.

Nous allons examiner l'influence que peuvent avoir à ce

point de vue les particularités physiques du grain d'avoine, et, comme conséquence de cette étude, indiquer les qualités qui doivent être recherchées dans les avoines.

1°) *Glumelles.* — Nous donnerons plus loin une analyse des écales. Cette analyse montre qu'elles contiennent une forte proportion de cellulose, matière peu assimilable. Elles contribuent donc à l'augmentation de p et par suite diminuent le coëfficient de digestibilité.

2°) *Consistance du grain.* — Suivant sa consistance, le grain d'avoine est d'une mastication plus ou moins facile. Il est évident que plus elle sera faible, plus le travail d'écrasement sera réduit, plus la mastication sera parfaite, mieux l'amande sera mise au contact des sécrétions digestives, plus le travail mécanique de la digestion sera rendu aisé.

Or cette résistance à l'écrasement et au broyage dépend :

De l'état d'humidité du grain, c'est-à-dire surtout de la teneur en eau de l'amande ;

De l'importance de la partie cellulosique de l'enveloppe, c'est-à-dire de l'épaisseur des glumelles ;

De la disposition de ces glumelles, c'est-à-dire de leur tendance à s'entr'ouvrir à la moindre pression pour laisser l'amande sortir de son enveloppe. Cette faculté de dissociation de l'amande et de son enveloppe est liée au degré d'écartement des glumelles ou plus exactement à la largeur du sillon sur toute l'étendue du grain.

3°) *Volume du grain.* — Remarquons tout d'abord qu'un grain volumineux se place mieux sous la dent. D'autre part, le travail d'écrasement dépensé par l'animal est moindre pour un grain unique que pour deux grains ayant ensemble le même volume que le premier, la proportion d'enveloppe à broyer étant plus faible.

La grosseur des grains n'est pas la seule condition à réaliser. Il faut encore qu'ils soient de même calibre. D'après M. Even (voir plus loin), les différences de calibre ont une répercussion fâcheuse sur la digestibilité en facilitant l'évacuation au-dehors de grains non mastiqués.

4°) *Arêtes et poils.* — Ce sont des éléments perturbateurs de la digestion en raison de leur action irritante sur les muqueuses de l'appareil digestif et de leur tendance à favoriser la formation des égagropyles. C'est en raison de cette nocivité, que l'on s'efforce aujourd'hui de produire des avoines à grains dépourvus d'arêtes. La présence de ces arêtes est presque envisagée comme une tare : les vicissitudes de l'expérience instituée par M. Schribaux pour le croisement des variétés Ligowo et Brie sont édifiantes à cet égard. Il était apparu à M. Schribaux qu'il y avait intérêt à produire une avoine possédant les qualités de ces deux variétés. Or le grain de l'avoine Ligowo présente une arête assez forte et il s'est trouvé que cette arête a été amplifiée par le croisement. Le produit Ligowo-Brie ainsi obtenu a été, en raison de cette particularité, frappé d'une défaveur telle que M. Schribaux a dû reprendre ses recherches dans le but de faire disparaître du produit final l'élément incriminé. Ajoutons d'ailleurs qu'ily est fort bien parvenu.

5°) *Qualités à rechercher dans l'avoine.* — De cette étude, il résulte qu'il y aura avantage, au point de vue alimentaire, à utiliser une variété, qui remplira, dans la mesure du possible, les conditions indiquées ci-après.

I. Posséder de minces écales.

A cet égard, comme nous l'avons vu, la décortication fournira les plus utiles renseignements, en permettant la détermination du rapport en poids de la balle au grain, lequel dans certains lots n'atteint que 0,22 tandis que dans d'autres il s'élève jusqu'à 0,35.

II. Etre moyennement humides. — Comme pour les autres céréales, l'aspect de la cassure permettra de juger de l'état d'humidité du grain. Il sera bon de se méfier des avoines trop humides, qui peuvent avoir été frauduleusement mouillées pour en augmenter le poids et dont la conservation serait difficile.

III. Etre formée de grains à large sillon, épais et homogènes.

Remarquons, en ce qui concerne le bon calibrage des grains, que l'épillet d'avoine, contrairement à celui du blé, donne parfois naissance à plusieurs grains (trois au plus). Accolés les uns aux autres, ils sont toujours de taille décroissante : cette inégalité entraîne manifestement un manque d'homogénéité. Aussi devra-t-on rejeter les avoines, où la proportion des grains avortés est sensible, et rechercher les variétés à grain unique.

IV. Etre dépourvue d'arêtes et de poils.

Les avoines mutiques où celles dont les arêtes sont normalement caduques, dont les glumelles ainsi que l'amande sont presque imberbes, seront à préférer.

b) Qualités physiques de la ration.

La ration doit se maintenir comme volume et comme poids dans des limites imposées par la capacité digestive de l'animal, auquel elle est destinée (Dechambre et Curot) (4). Point n'est besoin d'insister ici sur la nécessité d'associer à l'aliment concentré, que constitue l'avoine, un aliment de lest, qui est habituellement le foin ou la paille. Cette obligation, que les auteurs précités ont parfaitement mise en évidence, résulte de la conformation spéciale de l'intestin du cheval.

Rappelons toutefois que l'avoine occupe par elle-même un volume non négligeable et que son association avec un aliment grossier doit être réduite, quant à ce dernier, au strict minimum, afin d'assurer à l'animal une digestion plus complète en même temps qu'une grande économie d'efforts de mastication.

c) QUALITÉS GUSTATIVES

L'avoine a une saveur farineuse, sans arrière goût désagréable. Elle est acceptée avec plaisir par tous les animaux, en particulier par les chevaux et c'est pourquoi depuis des siècles elle constitue la partie principale de la ration des Equidés moteurs.

***

En résumé, il ressort de cette étude sur la valeur alimentaire que, si l'avoine doit être riche en principes nutritifs, elle doit aussi posséder un coefficient de digestibilité élevé et qu'à cet égard une appréciation poussée des qualités physiques du grain est nécessaire.

L'avoine employée comme semence est choisie avec soin. Peut-être n'apporte-t-on pas assez d'attention dans son utilisation comme aliment.

En terminant, nous ne saurions trop insister sur la contribution que fournit dans ce domaine le procédé de décortication recommandé par notre maître, méthode excellente par sa technique simple et par les renseignements nombreux, précis, rationnels, qu'on en retire. Au surplus, elle nous permettra, en nous éclairant, comme on l'a vu précédemment, sur la consistance du grain, de juger de l'écartement optimum à donner aux cylindres aplatisseurs d'avoine. Elle est au premier rang parmi les procédés pratiques.

Composition chimique des différentes parties du grain d'avoine. — Situer et doser les principes immédiats d'un grain est affaire délicate. Il est cependant important de savoir, pour l'exposé qui va suivre, comment ces différentes substances se répartissent dans les assises de l'avoine.

Il est admis que les grains des céréales ont, dans les assises de même forme et de mêmes fonctions, des compositions semblables, et nous avons suivi les résultats obtenus sur le froment par Aimé Girard et Lindet en ce qui concerne l'enveloppe proprement dite et le germe.

A) COMPOSITION DES GLUMELLES

Nous empruntons à Denaiffe et Sirodot (3) une analyse de glumelles pratiquée sur une avoine blanche à écales assez grosses.

Eau	10,06
Matières azotées	2,50
Matières grasses	0,50
Matières hydrocarbonées	31,85
Cellulose brute	34,80
Cendres (Silice, etc.)	20,29

La richesse des écales en hydrates de carbone et en cellulose est manifeste. Par contre la proportion de matière grasse est très faible.

B) COMPOSITION DE L'ENVELOPPE PROPREMENT DITE DU GRAIN

En appliquant à l'étude microscopique des enveloppes divers réactifs tels que l'eau iodée, la potasse, le chlorure de

zinc iodé, Aimé Girard a pu établir que le péricarpe du blé
était entièrement formé de ligneux et constituait 31 % de
l'enveloppe ; que le tégument séminal moins important en
formait 7 % ; enfin que la bande hyaline et les cellules de
l'assise protéïque étaient composées de cellulose et de matière
azotée, tandis que le contenu des cellules de cette couche
renfermait des composés riches en azote, fortement agrégés
et retenant au milieu de leur masse de fins globules de matière
grasse.

Nous ne donnerons point de chiffres, mais, en comparant,
il est permis d'affirmer que le péricarpe du grain d'Avoine,
de même nature que celui du blé, est aussi riche, sinon plus,
en cellulose en raison des poils, qui couvrent sa surface ; que
le tégument séminal de l'avoine, qui ne possède qu'une mince
couche de cellules (résidu de la paroi interne de l'avoine) est
encore moins important que celui du froment ; enfin, et, en
conclusion, que la partie la plus riche et la plus importante
est l'assise protéïque.

Ce que nous retiendrons, c'est que dans cette dernière
couche, riche par ailleurs en matières azotées et minérales,
se trouve une matière grasse beaucoup plus abondante que
celle des écales.

C) COMPOSITION DU GERME

Les cellules, qui constituent le germe, sont remplies d'une
matière compacte, renfermant de nombreuses gouttelettes
huileuses, plus nombreuses encore dans les cellules du scutellum que dans celles de l'embryon lui-même. Ce contenu
cellulaire est de la matière azotée.

Ammann rapporte dans son « Traité de Meunerie » les analyses précises d'Aimé Girard portant sur des germes de blé
isolés un à un (1200 germes pèsent un gramme).

Matières azotées .... 42,75 %
Matières grasses 12,50
Cendres 5,3

Le germe, qui ne représente qu'une faible partie du grain,
est donc une matière extrêmement riche. La proportion de
matière grasse, qu'il renferme, est, en particulier, de beaucoup supérieure à celle de la matière grasse des écales d'avoine.

Cette matière est d'ailleurs très oxydable et rancit rapidement.

Ces conclusions doivent être étendues à l'avoine, qui, dans son ensemble, est très sensiblement plus riche en matière grasse que le blé.

D) COMPOSITION DE LA FARINE

Le corps du grain d'avoine est formé par un assemblage de grandes cellules, à parois minces et transparentes, constituées de la même façon que les parois des cellules de l'assise protéique, c'est-à-dire de cellulose imprégnée de matière azotée. Elles forment un réseau (le gluten) dans les mailles duquel sont logés les grains d'amidon, partie la plus importante de la farine. Enfin, à côté de l'amidon, on trouve encore d'autres corps, tels que sucres, gommes, matières minérales, matières grasses, mais en proportions beaucoup moindres.

D'après Aimé Girard et Fleurent, la farine de blé ne renferme qu'une proportion relativement faible de matière grasse oscillant autour de 1 %. Cette matière grasse est d'ailleurs susceptible de rancir à la longue au contact de l'air.

On ne peut comparer les analyses de farine de blé et les analyses de farine d'avoine, puisque cette dernière est fabriquée aux dépens du grain simplement séparé de ses glumes, tandis que la farine de blé ne contient ni ses enveloppes, ni le germe. Mais, du fait, déjà invoqué, que l'avoine est beaucoup plus riche que le blé en matière grasse, on ne risque pas de se tromper en attribuant à une farine d'avoine préparée comme la farine de blé une proportion de matière grasse au moins égale à celle de cette dernière.

En résumé, l'étude de la composition des différentes parties du grain d'avoine nous conduit à la conclusion suivante : l'avoine, grain plus riche en matières grasses que la plupart des autres céréales, possède une localisation importante de ces substances dans son assise protéique et dans son germe, c'est-à-dire dans les parties superficielles de l'amande.

CHAPITRE II

Emploi de l'Avoine dans l'alimentation du cheval

I. Modes d'emploi du grain d'Avoine. — L'avoine est habituellement donnée au cheval sans avoir subi d'autre préparation qu'un épurage sommaire au tarare. Elle est distribuée après l'abreuvement, à des doses d'ailleurs très variables suivant le but poursuivi (3 à 12 kgs par jour).

Cependant, depuis longtemps déjà, on a songé à la présenter aux animaux sous diverses formes destinées à la rendre plus facilement attaquable par les forces digestives, à lui donner en un mot des propriétés alimentaires plus intenses.

Nous ne citerons que pour mémoire les avoines trempées, salées, et les pains d'avoine, qui sont surtout employés à l'étranger.

Actuellement l'avoine aplatie et l'avoine concassée sont de toutes ces formes les plus usitées.

Elles sont obtenues à l'aide d'appareils, dont le principe est le même dans les deux cas : deux surfaces parallèles, en pierre ou en métal, sont animées d'un mouvement de même direction et rapprochées l'une de l'autre à une distance inférieure à l'épaisseur du grain, qu'il s'agit de transformer. Généralement, ces surfaces sont constituées par des cylindres, dont les axes sont parallèles et situés dans le même plan horizontal, qui tournent en sens inverse et au-dessus desquels est disposée une trémie, où le grain est versé. L'axe de rotation de l'un de ces cylindres est fixe et relié à la manivelle ou à la courroie, qui produira le mouvement. L'axe du second est mobile : un ressort de renvoi permet à ce cylindre de s'écarter du premier lors du passage des pierres. Les grains d'avoine venant de la trémie sont entraînés par le mouvement du cylindre à axe fixe dans la fente, qui le sépare de l'autre, et déterminent la mise en rotation de ce dernier. — Les cylindres des aplatisseurs sont à surface lisse, ceux des concasseurs possèdent des cannelures hélicoïdales plus ou moins profondes.

Dans ce qui va suivre, nous ne nous occuperons que des effets de l'aplatissage sur le grain et dans l'alimentation.

II. Effets de l'aplatissage sur le grain d'avoine. —

1º *Forme*. — L'aplatissage modifie la forme du grain d'une façon très sensible. On peut dire que l'avoine aplatie est une avoine comprimée, dont les glumes sont écartées, mais encore adhérentes à l'amande, qui est écrasée, par opposition à l'avoine concassée, qui est séparée de ses glumes et dont l'amande est cassée et broyée en deux ou trois parties.

2º *Volume*. — Ce changement de forme entraîne une augmentation de volume. Le poids de l'hectolitre diminue de plus de moitié. Voici des résultats empruntés à P. Gay.

Poids de l'hectolitre du grain normal			50 kg. 930
— — —	aplati		21 kg. 760
— — —	concassé ...		19 kg. 200

3º *Poids*. — D'après M. Bemelmans, vétérinaire major de l'armée hollandaise une masse d'avoine soumise à l'aplatissage ne perd pas plus de 2 % de son poids.

M. Bemelmans attribue cette diminution de poids à la dispersion et à la deshydratation au cours de l'opération. Nous pensons que d'autres causes peuvent également intervenir. Que l'aplatissage soit un peu trop accusé, que l'amande vienne au contact des cylindres aplatisseurs, une partie de la matière grasse de l'avoine exsude (Moret) et se dépose sur les parois des cylindres entraînant avec elles quelques parcelles farineuses. Une couche adhérente se forme, qui rétrécit encore l'écartement de la fente de pénétration des grains ; l'opération devient de moins en moins bonne. Une partie de l'avoine aplatie se présente sous forme de menus fragments de farine agglutinée, qui peuvent plus facilement se perdre au cours des manutentions. De plus les poils du caryopse sont libérées et s'agglomèrent fréquemment.

Il est donc vraisemblable que l'on réduira à son minimum la perte de poids par un réglage attentif, au début et au cours de l'opération, du degré d'écartement des cylindres de l'appareil.

III. Effets de l'Avoine entière. — La présence de grains d'avoine non altérés dans les excréments a montré depuis longtemps que la totalité de l'avoine absorbée n'était pas digérée par les chevaux.

Il faut pour être bien renseigné, disent Magne et Baillet, diviser les crottins, peser même les grains d'avoine qui s'y trouvent. On reconnaît alors, ajoutent-ils, que beaucoup de ces prétendus grains, qui paraissent entiers, sont en réalité formés par des glumelles demeurées intactes.

Cependant, en dépit de cette observation, tout le monde est d'accord pour admettre que les fèces des chevaux normaux contiennent des grains d'avoine entiers ; la vitalité du grain est indemne, il reste capable de germer ; l'avidité des oiseaux, que l'on voit se précipiter sur les excreta du « noble coursier », en donne une autre preuve.

Immédiatement deux questions se posent :

1º Quelle est l'origine de ces glumelles vides et de ces grains restés entiers ?

2º Quelle est la proportion de ces grains perdus pour l'alimentation ?

A). *Origine des grains entiers et des glumelles vides*. — Comment des grains entiers qu'on retrouve dans les fèces ont-ils échappé à la mastication et à la digestion ?

Une observation de M. Even montre bien comment des grains entiers, par la simple différence de leur calibre, ont pu se soustraire à l'action masticatoire. Et, dit-il, si l'on a soin, par une méthode de triage soignée, comme le font les entraîneurs de Buenos-Ayres, de ne donner à consommer qu'une avoine, dont les grains ont un calibre uniforme, on constate l'absence presque complète de grains intacts dans les fèces. (Il serait d'ailleurs intéressant de vérifier cette observation et, le cas échéant, de comparer les frais de triage aux frais d'aplatissage, dont nous parlerons plus loin).

Ainsi des grains entiers peuvent échapper au broyage dentaire soit par différence de calibre, soit par déglutition trop rapide. Peuvent-ils de même échapper totalement à l'action des sucs digestifs ?

A ce point de vue, le Dr. Bemelmans affirme « qu'il est matériellement impossible aux sucs digestifs de pénétrer par l'enveloppe intacte jusqu'à l'amande farineuse, de dissoudre celle-ci et de provoquer la diffusion des matières nutritives au travers de l'enveloppe intacte. » (C'est également l'opinion d'Henry A. A. qui déclare que l'amande n'est pas attaquée par le suc digestif).

La première de ces affirmations repose sur l'imperméabilité de la paroi cellulosique ligneuse non digestible du caryopse. Mais y a-t-il réellement imperméabilité ? L'enveloppe est certainement perméable à l'eau puisque, d'après les constatations de Montvoisin, le mouillage de l'avoine demande moins de 48 heures. Sans doute cette imbibition s'opère-t-elle par les stomates des glumelles et par l'interstice, qui les sépare. Il est donc fort probable que les sucs digestifs pénètrent par les mêmes voies et arrivent plus ou moins rapidement au contact de l'amande. S'il en est ainsi, qu'advient-il des grains non mastiqués dans leur cheminement le long du tube digestif ? Vraisemblablement, ils y sont soumis à une double action, action externe provenant de l'attaque par les sucs digestifs de l'amande farineuse, action interne résultant du milieu toujours humide, où ils sont plongés et qui réalise toutes les conditions nécessaires à une active germination. D'une part, les diastases animales et l'eau pénétrant dans l'amande par osmose, d'autre part, les diastases végétales engendrées dès le début de la germination par l'assise protéïque et surtout par le cotylédon [Pizon (1)] liquéfient progressivement les cellules mortes, bourrées d'amidon, de l'albumen.

L'amande se gonfle, éclate et les produits solubles, qu'elle renferme, sont libérés et assimilés.

Il faut noter d'ailleurs que cette double action est plus ou moins précoce, donc plus ou moins complète.

Une partie des grains non mastiqués subissent entièrement les transformations ci-dessus décrites, et l'on ne retrouve plus dans les crottins que l'enveloppe ligneuse non altérée. C'est là probablement la seule origine des glumelles présentes dans les excreta. Il est difficile, en effet, de leur attribuer avec le Dr. Bemelmans une origine extra-digestive ; d'une part, il existe peu de glumelles vides dans les avoines propres et il est peu admissible que des enveloppes vides puissent traverser le tube digestif sans être modifiées en rien par la mastication et l'importante trituration péristaltique.

Pour une autre partie des grains non mastiqués, l'éclatement de l'amande ne se produit pas avant leur expulsion de l'intestin. On doit donc trouver dans les fèces des grains munis de leurs glumelles, mais dont l'amande est en partie liquéfiée. C'est là un fait, que nous avons pu vérifier personnellement.

Enfin, certains grains, les plus nombreux peut-être, conservent au sortir du tube intestinal, en même temps que leurs glumes, une amande peu ramollie, presque inaltérée. Mais ces grains n'en ont pas moins subi, pendant leur séjour dans l'intestin, un début de germination. On en trouve la preuve dans l'expérience suivante : mis en terre ou laissés dans le crottin, la durée de leur germination, est sensiblement inférieure à la normale.

Le fait de l'intervention ou plus précoce ou plus tardive des agents de transformation explique les différences d'altération constatées dans les grains, que l'on retrouve dans les fèces. Mais il est difficile de préciser la cause de l'avance ou du retard de cette intervention. Peut-être un enrobement hâtif au sein d'une masse alimentaire peu humide soustrait-il de nombreux grains non mastiqués à une action complète des sucs digestifs et du milieu ?

B). *Proportion des grains perdus pour l'alimentation.* — Les auteurs, qui se sont occupés de la question, indiquent des chiffres très différents.

Suivant Charon, elle serait de 0,006 à 0,56 %, suivant Magne et Baillet de 0,1 à 0,4 %, suivant Papin de 0,8 %, Grandeau et Leclerc signalent une oscillation allant de 0,44 à 1,71 %, Valtat de 2 à 2,75 %, Leblanc de 5,3 à 10 %, Henry, qui a repris l'expérience en 1907, a trouvé une variation de 0,75 à 25 % avec une moyenne de 6,45 %.

Les écarts importants, que l'on constate dans ces résultats, sont certainement imputables au fait que les auteurs n'ont pas opéré exactement dans les mêmes conditions. La proportion cherchée dépend, en effet, de facteurs inhérents à l'individu, à l'aliment et au milieu.

a) Toutes les causes, qui s'opposent au plein effet de la mastication, contribuent à amoindrir la digestibilité de l'avoine et augmentent la proportion des grains entiers perdus pour l'alimentation. Citons, parmi ces causes, la mauvaise dentition, la gloutonnerie, l'âge, l'anémie, la sécheresse du grain, la grande épaisseur des glumes, le travail intense, la chaleur, le petit nombre des repas, les fortes rations, etc...

b) On peut en dire autant de toutes les maladies chroniques, qui déterminent l'atonie musculaire et secrétoire des cavités digestives, par exemple le tic, l'entérite chronique, la gastrite chronique hypertrophiante des vieux chevaux, l'indigestion intestinale chronique, l'helminthiase, etc... affections qui peuvent à leur début passer inaperçues et ainsi fausser les résultats

c) On peut encore accuser la manière d'administrer les aliments. Grandeau et Leclerc signalent une perte additionnelle de 50 % lorsque l'avoine est consommée seule au lieu de l'être en mélange avec de la paille hachée, etc...

En fin de compte, si nous admettons la moyenne de 6, 45 % obtenue par Henry, on voit que la perte n'est pas négligeable. M. Brocq Rousseu, qui s'est attaché pour de justes raisons à la question économique, calcule exactement cette perte.

Pour un cheval consommant 5 kgs d'avoine par jour, la perte en poids est de 322 gr, 5, soit à 100 francs les 100 kgs une perte pécuniaire de 0,3225.

Pour un régiment de 500 chevaux, elle se chiffre à 161, 25 par jour et à 58.856 fr. 25 par an. Pour 150.000 chevaux, effectif de l'armée française, on arrive à une perte totale de 17.656.855 frs par an.

On s'explique donc, en admettant même que ces chiffres soient trop forts, l'importance que l'on attache aux préparations alimentaires de l'avoine dont l'un des buts est de supprimer ces pertes.

IV. Effets de l'Avoine aplatie. — Les résultats obtenus par l'emploi des avoines aplaties ou concassées sont des plus controversés. Les discussions, qu'ils ont provoquées, ont cependant mis en lumière quelques points, sur lesquels on peut dire que les expérimentateurs sont d'accord.

Ces controverses remontent à près d'un siècle. Il n'y a pas lieu d'ailleurs d'attacher un grand intérêt aux opinions contraires, qui se sont fait jour à cette époque, puisqu'il s'agissait non d'avoine seulement, mais de mélanges d'avoine plus ou moins écrasée et de paille hachée, et que les auteurs n'ont pas fait connaître comment ils distinguaient dans les effets constatés ce qui était dû à l'avoine de ce qui était dû au fourrage.

Grandeau et Leclerc, P. Gay, ont à la fin du siècle dernier, repris la question et l'ont traitée avec beaucoup plus de précision. Leurs expériences ont actuellement mis plusieurs faits hors de doute.

a). — *L'aplatissage fait disparaître les grains non digérés des fèces.*

Il n'existe pas de document plus probant à cet égard que celui de Grandeau et Leclerc. De deux chevaux, tous deux nourris à l'avoine entière, l'un d'eux C_1 continua, à partir d'une certaine date, à consommer de l'avoine entière, l'autre C_2 reçut de l'avoine aplatie en mélange avec de la paille d'avoine hachée. Voici, d'après Grandeau et Leclerc, les chiffres en grammes retrouvés dans les crottins.

		C.1	C.2
1er Novembre	....	41.790	120.497
2 —	....	43.033	85.290
3 —	....	54.485	34.792
4 —	....	38.588	8.368
5 —	....	42.482	3.129
6 —	....	32.011	4.662
7 —	....	41.738	1.948
8 —	....	30.552	3.101
9 —	....	42.336	1.914
10 —	....	35.543	3.911
11 —	....	29.789	2.700
12 —	....	38.691	2.938
13 —	....	28.789	3.922
14 —	....	35.258	1.436
15 —	....	28.872	2.330
16 —	....	31.491	1.316
17 —	....	36.497	35.808
18 —	....	27.854	43.643
19 —	....	12.319	62.186
20 —	....	13.645	53.239
21 —	....	21.725	78.053

Dès le 4e jour, le cheval qui consomme de l'avoine aplatie n'en a presque plus dans ses crottins, alors que l'autre en a toujours autant. Sans doute même, cette quantité insignifiante provient-elle de la paille d'avoine donnée en mélange.

De plus, la contre-épreuve est éloquente : C_2 ayant cessé de recevoir de l'avoine aplatie, une augmentation considérable du nombre de grains non digérés dans les fèces peut être notée dès le second jour.

Ces expériences ont montré d'une manière indéniable que l'aplatissement de l'avoine diminuait jusqu'à les rendre insensibles les pertes dues au passage des grains entiers dans les excreta.

b). — La digestibilité de l'avoine est augmentée du fait de l'aplatissage.

Cela résulte nettement des expériences de P. Gay, qui a déterminé le cœfficient de digestibilité de l'avoine entière, de l'avoine aplatie et de l'avoine concassée pour le mouton et pour le cheval. Voici les chiffres, auxquels il est arrivé :

Mouton :	Cœfficient de digestibilité
Avoine entière...............	66 24 %
Avoine aplatie................	66 60
Avoine concassée	67 03
Cheval :	
Avoine entière...............	63 53
Avoine aplatie...............	68 58
Avoine concassée	72 73

S'il n'y a qu'une très légère différence de digestibilité en ce qui concerne le mouton, il n'en est pas de même pour le cheval. Une simple règle de trois montre que : $\dfrac{100 \times 64,53}{68,58} = 94$ kgs d'avoine aplatie ont le même effet que 100 kilogs d'avoine entière.

A priori, soutient Brocq Rousseu, cette augmentation de digestibilité est évidente en raison de l'écrasement des enveloppes du grain, qui permet une imbibition plus rapide et plus complète des réserves, partant une mise en liberté immédiate des diastases du grain, dont l'action est continuée par l'amylase du suc pancréatique et les autres diastases agissant sur les albuminoïdes, les graisses et les celluloses.

S'il est incontestable, que du fait de l'aplatissage, la mastication de l'avoine étant facilitée et poussée plus loin que dans le cas de l'avoine entière, l'imbibition soit plus précoce, il est moins certain qu'elle soit plus complète.

L'opinion de Maignon, que nous citerons un peu plus loin, vient à l'appui de cette réserve (voir VI).

D'autre part, le rôle attribué aux diastases du grain, ne doit pas être considéré comme important : si l'avoine, en effet, renferme des diastases, ce n'est qu'en très faible proportion, les diastases végétales se formant surtout pendant la germination de la graine [Pizon, (2)].

Tout ce que l'on peut dire, pour expliquer l'augmentation de digestibilité de l'avoine aplatie, c'est que du fait d'un broyage dentaire plus parfait et de la disparition des grains entiers, le travail péristaltique intestinal est diminué ; qu'il y a à cette diminution importante du surmenage de l'intestin des avantages indéniables, cet organe se trouvant dès lors en meilleure condition pour permettre une assimilation plus intense en présence d'une plus grande masse de matière assimilable.

c). — L'aplatissage de l'avoine est une opération qui peut intéressante au point de vue économique.

Brocq Rousseu, qui a étudié la question, base ses calculs sur les prix actuels de l'avoine, de la force motrice et de la main-d'œuvre. Les faits de la pratique, dit-il, montrent, sans aucun calcul, que l'on peut supprimer 10 % de la ration d'avoine, si l'on donne de l'avoine aplatie au lieu d'avoine entière. Pour 1.000 chevaux on pourra donner 2.700 kgs d'avoine aplatie au lieu de 3.000 kgs d'avoine entière et réaliser ainsi quotidiennement, suivant l'auteur, une économie de 258 fr,99, différence entre le prix de 3 quintaux d'avoine à 110 francs et le prix d'aplatissage de 2.700 kgs, soit 71 fr. 01. Nous nous permettrons de faire ici une légère remarque. Pour se procurer les 2.700 kgs d'avoine aplatie, il faut opérer, à cause de la perte dûe à l'aplatissage, sur un poids d'avoine entière un peu supérieur. Si l'on admet avec le Dr. Bemelmans que cette perte est de 2 %, 2.700 kgs d'avoine aplatie seront obtenus en traitant 2.755 kgs d'avoine entière, en sorte que le gain réalisé n'est plus de 300 kgs, mais de 245 kgs et que l'économie se réduit à 269 fr. 50 — 72 fr. 45 = 197 fr. 05. (269,50 = prix de 245 kilogs d'avoine, 72,45 = prix de l'aplatissage de 2.755 kgs d'avoine).

3

Ajoutons qu'il n'y a pas lieu de faire état du supplément d'économie indiqué par le même auteur et qui résulterait de la disparition presque complète des pertes de grains entiers passant dans les crottins, car les 245 kilogs, qui, dans le calcul précédent représentent l'économie réalisée, comprennent les poids X de grains qui se retrouvent dans les résidus excrémentitiels, quand on ne distribue que de l'avoine entière.

Malgré tout, l'économie réalisée peut être considérable du fait de l'introduction de l'avoine aplatie. Certaines conditions doivent pour cela être remplies : Il faut notamment que la quantité d'animaux à nourrir soit suffisante pour que le fonctionnement de l'aplatisseur n'entraîne pas des dépenses de force motrice et de main-d'œuvre hors de proportion avec le but poursuivi. Si ces dépenses devaient être supérieures à l'économie à réaliser, l'aplatissage de l'avoine serait sans intérêt.

V. — Résultats contradictoires obtenus dans l'emploi de l'Avoine aplatie. — Tels sont les résultats, que l'on peut obtenir par l'emploi de l'avoine aplatie et qui, à l'heure actuelle, ne soulèvent plus de contestation.

Sur d'autres points importants, au contraire, les avis sont très partagés. Nous allons résumer brièvement les opinions des divers auteurs et ceci nous amènera à dire dans quel but le présent travail a été entrepris.

Mais remarquons tout d'abord que, pour comparer les résultats obtenus, il faut choisir les expériences, qui ont été faites sur des chevaux normaux. Il est en effet reconnu depuis bien longtemps que l'alimentation à l'avoine aplatie constitue une véritable cure pour les chevaux en mauvais état constant : chevaux amaigris et de mauvaise denture (Savary), chevaux manquant d'énergie et nourris avec un mélange de variétés d'avoine, donc à mastication irrégulière (Roy), chevaux maintenus dans des conditions d'hygiène déplorable (exemple, irrégularité des repas) (Bouchet). Il n'est pas étonnant qu'une cure d'avoine aplatie remette ces animaux en bon état aussi bien que l'absorption de tout autre aliment facile à digérer et à mastiquer.

Parmi les partisans de l'aplatissage, citons Savary, Parent, Bouchet, Bemelmans.

Savary étend l'alimentation à l'avoine aplatie aux chevaux

de tout âge et de toute condition, Il recommande exclusivement l'avoine récemment préparée en raison des altérations, qui surviennent très vite après le broyage.

Parent cite le cas de 150 chevaux dont le régime constitué par de l'avoine aplatie dut être changé par cas de force majeure. Chez ces chevaux, nourris par la suite à l'avoine entière, de nombreux cas de coliques se produisirent.

Bouchet compare deux écuries à effectif semblable, effectuant le même travail, l'une alimentée à l'avoine entière, l'autre à l'avoine aplatie. Dans la première le nombre des chevaux atteints de coliques était très élevé, dans la seconde l'état sanitaire était parfait. Il ajoute qu'après avoir mis la première écurie au même régime que la seconde les troubles signalés disparurent.

Le Dr Bemelmans, dont les expériences furent poursuivies pendant deux ans, est également de cet avis.

L'avoine aplatie, dit-il, ne provoque aucun trouble nutritif. Au contraire, on constate par son usage un nombre beaucoup plus faible de cas de coliques et de manque d'appétit. Tous les chevaux l'absorbent facilement sans s'en lasser. Le pouls, la température, la respiration ne sont pas affectés. - Il signale qu'il est de la plus haute importance de ne diminuer la ration d'avoine aplatie que graduellement et de ne commencer cette réduction que lorsque les chevaux sont dans une bonne condition nutritive : les mauvais résultats, qui suivent parfois l'usage de l'avoine aplatie, ne sont que la conséquence d'une réduction trop brusque des rations, ainsi que d'une trop courte période des expérimentations.

En résumé, les partisans de l'aplatissage soutiennent que l'emploi de l'avoine aplatie entretient les chevaux en parfait état et amène une disparition presque complète des coliques chez les animaux précédemment soumis au régime de l'avoine entière. L'usage du grain entier serait donc à leurs yeux une cause déterminante importante dans l'étiologie des coliques. Sans aller aussi loin, nous dirons cependant que ces bons résultats peuvent trouver une explication dans les effets de l'avoine aplatie exposés plus haut et que l'expérience de Bemelmans, qui a duré deux ans, doit retenir l'attention.

Voyons maintenant les griefs imputés à l'usage d'avoine aplatie par certains auteurs.

Moret expose que l'action déprimante de l'avoine aplatie ou concassée est bien mise en évidence sur les chevaux de course à l'entraînement. On doit détruire, dit-il, par l'aplatissage, des vitamines et toutes les essences contenues dans l'écorce. Que l'on passe la main à l'intérieur d'un concasseur et l'on remarque qu'il est enduit d'une couche huileuse produite par la condensations des essences de l'avoine mises en liberté par le broyage.

Les résultats irréguliers obtenus, affirme Demay, ont une explication physiologique. La digestibilité des grains d'avoine est dûe à une action diastasique ; c'est par les diastases contenues dans l'avoine que la digestion est commencée. Or ces diastases sont rapidement détruites après l'aplatissement ou le concassage. Il faut donc n'aplatir l'avoine que peu de temps avant sa distribution.

Enfin Even signale qu'à Buenos-Ayres les entraîneurs ont renoncé à l'avoine broyée, parce qu'elle ne donnait pas d'énergie aux animaux.

En résumé, ces derniers auteurs proscrivent l'aplatissage et le concassage du fait qu'ils ont constaté une diminution d'énergie, des sueurs plus fréquentes, une action déprimante, qui s'expliqueraient par la disparition d'un élément de l'avoine (vitamines, essences, diastases) lors de la préparation du grain ou pendant le temps de sa conservation.

VI. Examen des opinions divergentes relatives à l'emploi d'avoine aplatie. — On voit par ce qui précède que l'usage de l'avoine aplatie est recommandé par les uns, rejeté par les autres. Ces résultats contradictoires ont été examinés par nos maîtres A. Henry et Maignon. Voici les explications qu'ils donnent de certains faits.

C'est très vraisemblablement, dit A. Henry, pour avoir utilisé l'avoine à des degrés divers d'aplatissement, que les observateurs ont obtenu des résultats également très différents dans l'alimentation du cheval. Il y a une différence entre une avoine très légèrement aplatie, et une avoine, qui l'est un peu plus, même si elle « se tient » encore ; par l'action ajoutée du broyage dentaire, cette dernière devient une véritable farine et c'est ce qu'il faut éviter. Car la farine est néfaste par la libération des poils du caryopse, lesquels agissent mécaniquement en irritant le tube intestinal et surtout en formant des égagropyles. Il cite le cas d'un hôpital vétérinaire, où l'on avait l'habitude de réduire l'avoine en farine et dans lequel les coliques étaient fréquentes ; les autopsies révélaient à coup sûr des égagropyles dans le fond des sacs intestinaux.

Bien que cette observation se rapporte à l'ingestion de farine et non d'avoine aplatie, bien que la farine employée ait pu provenir d'une variété d'avoine particulièrement velue et bien qu'on ne soit pas renseigné sur le point de savoir si les coliques et les égagropyles auraient disparu par un changement de régime, il faut cependant conclure avec A. Henry, qu'il est nécessaire de régler l'écartement des aplatisseurs de manière à ne point réduire l'avoine en farine. Nous avons déjà vu que ce réglage est une question de doigté, qu'il est fonction de la consistance du grain (v. décortication) et qu'il est d'autant plus efficace que l'homogénéité de l'avoine est plus grande.

Lorsque, dit Maignon (2) la durée de la mastication est diminuée, on peut craindre que l'insalivation le soit également et que la digestion ne soit rendue plus laborieuse.

Le rôle de la salive, en effet, n'est pas seulement d'intervenir d'une façon accessoire dans la saccharification de l'amidon, intervention qui n'existe guère d'ailleurs que chez l'homme et le lapin, qui est nulle chez les ruminants et le chien, et insignifiante chez le cheval, comme il ressort des travaux de Jung.

Le rôle de la salive est encore inconnu, mais ce que l'on peut affirmer c'est qu'il est d'une extrême importance.

Frouin n'a-t-il pas montré que les aliments insalivés introduits dans l'estomac, provoquent une sécrétion gastrique plus abondante et plus active que des aliments non imprégnés de salive.

Si donc le cheval possède une bonne dentition, s'il mastique à fond son avoine, il peut se faire que l'aplatissement au lieu de présenter un avantage ne constitue au contraire qu'un inconvénient. Mais si le cheval absorbe gloutonnement sa nourriture, — et le cas est fréquent, — l'emploi de l'avoine aplatie peut devenir une opération intéressante.

En somme Maignon attribue les divergences en cause à ce que les expériences n'ont pas été faites dans les mêmes conditions et il indique qu'il y aurait lieu de tenir compte de l'état de la cavalerie (âge des animaux, état de la dentition) et de l'importance du travail effectué par les animaux, un travail pénible stimulant l'appétit et poussant à la gloutonnerie.

Comme le fait remarquer le même auteur, la question de l'avoine aplatie est plus complexe qu'on ne pourrait le supposer à priori. Les observations du savant physiologiste touchent à une partie d'un problème, dont la solution exigerait la connaissance exacte des rapports entre l'insalivation, la mastication, le besoin de boisson et les transformations de l'avoine dans le tube digestif.

Le but de notre travail. — Nous avons vu quelques auteurs émettre l'idée que l'avoine perdait certaines qualités du fait de l'aplatissage ou pendant la période de conservation du grain aplati. Moret notamment indique que l'on doit détruire par l'aplatissage des vitamines et toutes les essences contenues dans l'écorce. Or il est possible, par des expériences biologiques, de vérifier l'exactitude de cette assertion. C'est précisément à ces expériences que notre maître Dechambre a bien voulu nous demander de procéder en nous posant le problème suivant : « quel est le contenu en vitamines de l'avoine aplatie ».

Nous nous sommes bien volontiers chargés de ce travail, avec l'espoir d'apporter une modeste contribution à la solution d'une question, sur laquelle des expérimentateurs éminents et avertis ont émis des opinions si opposées.

Il est bien évident que, s'il est différent du contenu en vitamines de l'avoine entière, le contenu en vitamines de l'avoine aplatie est ou bien augmenté sous l'influence d'une cause inconnue ou bien diminué par destruction ou perte de vitamines. Nous reviendrons sur les possibilités d'augmentation et de perte dans le chapître consacré au détail de nos expériences.

Pour ce qui est de la destruction éventuelle, il nous est tout d'abord nécessaire de faire une étude sommaire des vitamines et de connaître en particulier leur résistance aux agents physiques et chimiques.

CHAPITRE III

Des Vitamines en général

Depuis une vingtaine d'années, les études sur la nutrition se sont multipliées. L'abondance de ces travaux est due en partie au fait que des régimes artificiels destinés à remplacer des régimes naturels s'étaient révélés incomplets. C'est en recherchant l'origine de cette différence que les vitamines ont été découvertes.

Les résultats obtenus par les chercheurs dans cette voie se sont succédé avec une telle rapidité que leur diffusion et leur coordination présentent des difficultés de plus en plus grandes. Il faut donc louer sans réserve L. Randoin et H. Simonnet, qui, tout en poursuivant eux-mêmes des recherches pleines d'intérêt, ont entrepris de réaliser cette mise au point. Particulièrement, en ce qui concerne les vitamines, qui retiendront ici notre attention, on doit rendre hommage avec notre maître Dechambre (2) à l'importance de leur effort : leur travail (a) groupe et synthétise plus de deux mille recherches et nous lui empruntons la plupart des données générales, dont l'exposé va suivre.

Définition des vitamines. — Jusqu'à présent, en dépit de tous les efforts, il n'a pas été possible de déterminer la constitution des différentes vitamines et c'est pourquoi les auteurs précités (10) ont proposé la définition suivante :

(a) L. Randoin et H. Simonnet : *Les données et les inconnues du problème alimentaire*, tome II. La question des Vitamines.

« Les vitamines sont des substances encore indéterminées
« chimiquement et physiquement, — dont l'organisme animal
« serait incapable de faire la synthèse, — et qui possèderaient
« les propriétés reconnues dans certaines fractions de l'indé-
« terminé alimentaire, fractions qui, à des doses minimes, de
« l'ordre du millième du poids de la ration quotidienne, sont
« indispensables à l'accomplissement des phénomènes vitaux
« pendant l'état adulte ou au cours du développement de
« l'organisme et dont l'absence détermine des troubles carac-
« téristiques de la nutrition ».

Cette dernière notion de « maladie par défaut », de « maladie
par carence » constitue une notion nouvelle en pathologie.
Seule peut en être rapprochée celle de maladie par insuffisance de secrétion interne. Elle s'oppose nettement à l'idée
que l'on s'était toujours faite de « maladie par excès ». On
comprend donc qu'une notion si neuve et si hardie ait suscité
tant de travaux dès qu'elle fut proposée.

Les vitamines ne se trouvent ni dans le règne minéral, ni
dans les substances pures que la chimie sait isoler des corps
organisés, ni dans les corps purs définis que la chimie sait
préparer à partir des éléments du règne minéral.

Seuls les végétaux et certains microbes seraient capables
de faire la synthèse de ces corps complexes, qui pourraient
alors être emmagasinés, mis en réserve dans certains tissus
végétaux et animaux. Dans l'ensemble les animaux parvenus
à un certain degré d'organisation dépendent donc des végétaux au point de vue des vitamines.

Classification des vitamines. — On connaît à l'heure
actuelle plusieurs vitamines que l'on a coutume de classer
d'après des caractères de solubilité et d'après leur principale
propriété physiologique, laquelle le plus souvent ne peut
être définie que par les effets d'une carence totale.
C'est ainsi qu'il faut distinguer :

1°). — Des principes, qui paraissent jouer un rôle essentiel
dans les phénomènes assurant le fonctionnement de l'organisme ; ce sont des vitamines dites hydro-solubles, substances
renfermant en général de l'azote. Le tableau suivant en donne
un aperçu général :

[Simonnet — (I)].

Groupe des Vitamines Hydro-solubles

Désignation de la Vitamine	Nom de l'avitaminose expérimentale	Caractéristique de l'avitaminose	Auteurs qui l'ont mise en évidence	Affection spontanée correspondante
Vitamine B antinévritique	Polynévrite	Polynévrite	Eykmann 1897 Funk 1911	Maladie des Sucreries Beri-béri
—	—	—	—	—
Vitamine B' d'utilisation nutritive		Dénutrition	Randoin et Lecoq, 1926	
—	—	—	—	—
Vitamine C antiscorbutique	Scorbut expérimental	Troubles hémorragiques	Holst et Frohlich 1907	Scorbut des marins.
—	—	—	—	—
Vitamine F antipellagreuse	Black tongue	Troubles cutanés	Chittenden et Underhill 1917 Goldberger et Tanner, 1923	Pellagre
—	—	—	—	—
Vitamine Bios	Vitamine nécessaire à la vie des levures			

2º). — Des principes, qui semblent jouer un rôle essentiel dans les phénomènes assurant le développement et l'édification de l'organisme. Ce sont des vitamines lipo-solubles, substances non azotées, qui par analogie avec certaines hormones (folliculine, par exemple) ne sont peut-être pas rigoureusement lipo-solubles. Il est possible qu'on arrive à reconnaître qu'elles sont à la fois lipo-solubles et hydro-solubles.

Le tableau suivant en donne un aperçu général :

[Simonnet — (1)].

Groupe des Vitamines lipo-solubles

Désignation de la vitamine	Nom de l'avitaminose expérimentale	Caractéristique de l'avitaminose	Auteurs qui l'ont mise en évidence	Affection spontanée correspondante
Vitamine A ou anti-xérophtalmique		Arrêt de la croissance Xérophtalmie	Osborne et Mendel. Mac Collum et Davis 1912-1913	Troubles de la croissance Hikan Kératomalacie
Vitamine D ou antirachitique	Rachitisme expérimental	Troubles de l'ossification	Sherman et Penheimer 1920 Mac Collum et Collab 1924	Rachitisme
Vitamine E ou X (V. de la reproduction)		Arrêt de la spermatogenèse. Troubles de la nutrition fœtale	Matill et Conklin 1920 Evans et Collab,1922 Sure, 1924	

Avant d'examiner la teneur en vitamines de l'avoine et d'étudier en détail ces différents facteurs, il nous paraît utile d'examiner d'une part la sensibilité des différentes espèces aux carences en vitamines et succinctement d'autre part l'action des divers agents de destruction ou de solubilité sur ces mêmes facteurs.

Sensibilité des différentes espèces à l'absence de vitamines. — La carence en tel ou tel facteur est variable avec l'espèce employée comme réactif. Certaines espèces s'y révèlent très sensibles, comme le montre le tableau suivant.

	Facteur A antixéroph-talmique	Facteur B antibéribérique	Facteur C antiscorbutique	Facteur D ou A' antirachitique	Facteur E (F₁ de la reproduction)	Facteur F antipellagreux
Sensibilité grande	Rat Chien	Pigeon Poule Rat Chien Porc Homme	Cobaye Chien Singe Homme Porc	Rat Volailles	Rat	Chien Singe Homme
Sensibilité moyenne	Porc Homme Volailles			Chien Homme Porc		
Sensibilité nulle		Lapin Ruminants Solipèdes	Volailles Rat			

Ce tableau résume tout un ensemble de faits pathologiques
à la fois spontanés et expérimentaux. Nous n'avons pas ici
à les commenter longuement. Simplement, au regard de ce
qui nous intéresse, nous insisterons sur certains points.

En particulier, au point de vue de la sensibilité des herbivores, nous noterons qu'il y a des incertitudes fâcheuses,
dont une partie au moins tiennent aux difficultés expérimentales.

D'après les expériences rationnelles d'Hugues, Ficht et Cave,
les bovidés seraient insensibles, ainsi que leurs descendants
directs, aux trois facteurs A, B et C, et leur lait serait pauvre
en facteur A et en facteur C. (On sait que les vitamines de
la nourriture passent dans le lait (Blary)). Nous ferons seulement remarquer ici que ce lait pauvre en vitamines aura
une répercussion sur les êtres qui le consommeront, et qui
sont sensibles aux carences en facteurs A et C (enfants, porcs,
etc.). Il apparaît donc de toute nécessité d'ajouter au lait
les vitamines absentes ou mieux de donner aux ruminants
une nourriture, qui en est riche. Lesné et Vagliano par exemple, ont montré que l'administration d'huile de foie de morue
à une vache laitière accroissait très notablement la valeur
antirachitique de son lait, lequel est souvent pauvre en
facteur D à cause du séjour dans des étables obscures (Luce).
Il n'y a pas, d'ailleurs, semble-t-il, d'inconvénient à cette

addition de vitamines, car, en pratique, on n'a pas constaté qu'un excès de vitamines ait jamais provoqué d'effets nuisibles sur l'économie, restriction étant faite pour le facteur D qui à des doses élevées provoque des troubles graves.

Pour les solipèdes, signalons la contradiction suivante. D'après Green et Viljoen, le cheval nourri pendant six mois de riz glacé ne manifeste aucun signe d'avitaminose, alors que *Kawakami* a fait autrefois mention d'une maladie des chevaux japonais, appelée Sucumi ou Gokuscumi semblable au beri-beri et dûe à une alimentation au riz, à l'orge et au foin.

Bref, la tendance actuelle est d'admettre que les herbivores sont insensibles à la carence en facteur B (et sans doute aussi en facteur C). On explique ce fait par la présence dans les réservoirs intestinaux de ces animaux d'une faune et d'une flore très riches, qui synthétiseraient ce facteur.

En ce qui concerne les autres facteurs, les résultats sont incertains. Enfin, mis à part les herbivores, nous dirons que parmi nos animaux domestiques susceptibles de consommer de l'avoine, le porc et les volailles sont des espèces très sensibles à certaines carences.

Nature et propriétés des vitamines en général

De longues et pénibles tentatives en vue d'obtenir pour chacun des facteurs un produit pur et cristallisé et d'en étudier les constantes physiques et chimiques ont été faites.

Les données les plus nettes sont, à l'heure actuelle, celles qui concernent la vitamine antirachitique, dont les propriétés biologiques ont été identifiées récemment dans un corps de nature chimique connue, l'ergostérol, ayant subi l'action des rayons ultra-violets (Randoin et Simonnet) (II).

En ce qui concerne les autres vitamines les résultats fournis par les auteurs sont pour la plupart entachés d'erreur à cause de la présence de substances étrangères dans les extraits concentrés étudiés. Cependant les travaux entrepris ont permis de déterminer quels étaient les principaux agents de solubilité et de destruction des vitamines. Le tableau suivant en donne un résumé succinct.

Actions des principaux agents de destruction	Vitamines hydro-solubles			Vitamines lipo-solubles		
	Facteur B	Facteur C	Facteur F	Facteur A	Facteur D	Facteur E
Action de la chaleur	120° (1)	60°	150°	200°	— (3)	
Action de l'oxygène à la température ordinaire	—	+ (2)	»	+	—	Actions sensiblement les mêmes que sur le facteur D.
Action combinée de la chaleur et de l'oxygène	—	+	—	+	—	
Action des alcalis	»	+	—	—	—	

Nous aurons l'occasion de revenir sur ces propriétés. Signalons dès à présent qu'il apparaît nettement, que, dans les conditions normales du milieu extérieur, parmi les vitamines solubles dans l'eau, le facteur C est seul altérable et que parmi les facteurs lipo-solubles seul le facteur A est destructible.

———

(1) Température minima de destruction.
(2) Action destructrice.
(3) Sans action.

CHAPITRE IV

Les Vitamines de l'Avoine

Généralités. — Nos connaissances sur la répartition des vitamines dans la nature sont assez étendues. On a déjà pu en dresser un long répertoire. Mais cette répartition est basée, à peu près exclusivement, sur les résultats de l'épreuve biologique chez l'animal. C'est dire que, s'ils sont nombreux, les renseignements que nous possédons, sont assez peu précis, et qu'ils ne peuvent servir qu'à la constatation de l'absence ou à l'appréciation grossière d'une grande ou d'une faible teneur en telle ou telle vitamine. Cependant L. Randoin et H. Simonnet (3) sont parvenus à classer les aliments naturels, dans lesquels les vitamines ont été recherchées, en quatre groupes, suivant que leur teneur en telle ou telle vitamine est nulle, faible, moyenne ou forte, et à attribuer à cette teneur une valeur numérique, égale au pourcentage de la substance envisagée qu'il est nécessaire de faire entrer dans un régime carencé approprié pour faire cesser complètement la carence. Ces auteurs considèrent que la teneur est forte, quand le pourcentage ainsi défini est égal ou inférieur à 5 %, moyenne quand il oscille entre 15 à 20 %, faible quand il est supérieur à 50 %.

En ce qui concerne l'avoine, de nombreux auteurs ont étudié sa teneur en vitamines. En nous basant sur la classification précédente, on peut grouper les résultats ainsi qu'il suit :

Vitamines hydro-solubles de l'avoine

Désignation de la vitamine	Activité	Particularités de répartition
Vitamine B antinévritique	Forte (Osborne et Hendel) 1920 (1) Moyenne (Suzuki, Shimamura) Odake, 1912	Le Facteur B n'existe que dans la balle et le germe.
Vitamine C antiscorbutique	Nulle (Holst et Frohlich) 1905	Le F. C n'existe que dans l'avoine germée.
Vitamine F ou Vitamine de reproduction	»	Le F. F ne serait pas contenu dans le gruau d'avoine (Goldenberger et Wheiler, 1920).

Vitamines lipo-solubles de l'Avoine

Désignation de la vitamine	Activité	Particularités.
Vitamine A antixérophtalmique	Faible (Mac Collum, Davis) (1), 1915 (Mc Collum, Simmonds et Pitz, 1916) (1)	Le F. A est surtout présent dans le germe, qui, considéré seul, possède une activité moyenne.
Vitamine D antirachitique	Pratiquement nulle	»
Vitamine de la reproduction ou Facteur E ou X	»	Le F. E serait contenu dans l'avoine (Evans et Bishop, 1922)

Pour le but, que nous poursuivons, l'étude des facteurs C, F et E est sans grande importance.

Le facteur C n'existe que dans l'avoine germée.

Quant aux vitamines F et E, leur découverte est trop récente, les documents, que l'on possède à leur égard sont trop peu nombreux, pour qu'il nous soit possible d'en tenir compte.

Disons maintenant quelques mots des facteurs B et D.

1°). — *Données succintes sur le facteur B.* — C'est une des vitamines, qui ont été le plus étudiées. Elle existe dans la nature partout où il y a des cellules en activité ou ayant été en activité. Par contre elle ne se trouve qu'en proportion inappréciable dans les tissus de réserve et de soutien ; ainsi, dans l'avoine, elle n'est contenue que dans les glumelles et le germe.

Les vitamines B (B et B') jouent un rôle dans l'utilisation des glucides de l'organisme. En leur absence, la combustion de ces matières sucrées se fait d'une manière incomplète. Il y a dans ces conditions formation de produits toxiques, dont l'accumulation déclanche, à un moment donné, chez l'animal une crise de polynévrite. C'est pourquoi L. Randoin et H. Simonnet (5) ont introduit dans le calcul de la ration la notion du rapport $\dfrac{\text{Facteur B}}{\text{glucides}}$

La symptomatologie de l'avitaminose B est bien connue : on constate tout d'abord de l'inappétence, puis des troubles digestifs et nerveux accompagnés d'une chute de poids et de température, et finalement des troubles centraux avec crises violentes précédant la mort et particulièrement nettes chez le pigeon.

La vitamine B, comme nous l'avons vu, est soluble dans l'eau. Cette solubilité a été établie expérimentalement, mais elle est parfaitement décelable dans le domaine pratique : Dechambre et Malterre (1) l'ont en effet mise en évidence dans le thé de foin. Et, à ce propos, on peut se demander si, après trempage, l'avoine destinée au porc n'a pas perdu une partie de la vitamine, qu'elle contient, et s'il n'en résulte pas quelque inconvénient pour un animal très sensible à la carence en facteur B.

Rappelons enfin que l'oxygène, la chaleur, le froid, la dessication, le vieillissement pas plus que les radiations ultra-violettes, n'ont d'action sur elle. On peut donc affirmer que

4

l'aplatissage n'amène pas la disparition de la vitamine B, que l'on invoque une perte (dessication) ou une destruction (oxydation, etc.).

2°). — *Données succintes sur le facteur D.* — La présence du facteur D dans les aliments est relativement rare et nous tiendrons la teneur de l'avoine en cette vitamine comme pratiquement nulle (certains auteurs (Luce) introduisent l'avoine dans la composition des régimes antirachitiques). Signalons à ce propos, l'hypothèse de Maignon (1) d'après laquelle le facteur A du végétal serait transformé par le foie normal en facteur antirachitique : elle expliquerait comment l'organisme est ravitaillé en vitamine D malgré la déficience de ce facteur dans la nourriture.

L'examen des propriétés physiques et chimiques de la vitamine D nous a montré sa résistance nette aux agents de destruction. L'action de l'air à 100° pendant 20 heures ne produit aucune action sur elle (Mc Collum Simmonds Becker et Shippley). Si donc elle existait dans l'avoine, l'aplatissage ne pourrait entraîner sa disparition par oxydation.

*
* *

De ces données générales sur les vitamines de l'avoine, nous tirerons les conclusions suivantes :

1°). — Seule, la vitamine A, vraisemblablement liée à l'abondance de la matière grasse localisée dans le germe de l'avoine, est susceptible d'en disparaître lors de l'aplatissage du grain, sinon totalement, du moins en grande partie.

Il nous paraît donc nécessaire d'étudier en détail le facteur A : c'est ce que nous ferons dans le chapitre suivant.

2°). — L'avoine, mis à part le facteur B, est un aliment pauvre en vitamines.

Cette insuffisance a sa répercussion non seulement sur l'animal sensible, qui absorbe directement l'avoine, mais aussi sur tous les êtres, qui consomment les produits animaux. Elle peut donc avoir des conséquences graves.

Le lait provenant d'animaux nourris à l'avoine (vaches, brebis, chèvres, ânesses) aura une action défavorable sur la descendance de ces générateurs, puis indirectement sur le porc, qui consomme les sous-produits de la fabrication du beurre et sur l'homme et l'enfant, dont l'alimentation comprend pour une part importante le lait et ses produits dérivés.

La viande de même origine ou d'origine intermédiaire (porc) pourra également provoquer des troubles. Cet aliment est en effet consommé cru dans certains pays, et, d'autre part, constitue l'un des principaux éléments incorporés aux régimes utilisés dans la lutte contre les avitaminoses. Il est donc de toute nécessité de le rendre complet.

Enfin on peut en dire autant des œufs, que fournissent les volailles, grandes consommatrices d'avoine, et qui sont souvent destinés à l'alimentation des malades.

Il est donc indispensable de combler la déficience en vitamines de l'aliment avoine et d'adjoindre à la ration de nos animaux domestiques des aliments convenablement choisis ou à défaut des substances préventives connues, de préférence économiques.

Signalons à cet égard que l'huile de foie de morue apportera à la fois le facteur A antixérophtalmique et le facteur D antirachitique et que la vitamine antiscorbutique se trouvera dans la consommation de choux frais, de rutabagas ou de pissenlits.

Enfin, si, plus tard, il résultait de faits expérimentaux ou de données pratiques, que le facteur A antixérophtalmique est entraîné dans l'eau de cuisson de l'avoine (généralement destinée au porc) la levure de bière serait le complément de choix.

CHAPITRE V

Données Générales sur la Vitamine A et Etude de l'Avitaminose A

I.

DONNÉES GÉNÉRALES SUR LA VITAMINE A

Les premiers éclaircissements sur la nature de ce « non dosé » remontent aux travaux de Mc Collum et Davis (2), d'Osborne et Mendel (1913) (2). Il est aujourd'hui reconnu que certains lipides alimentaires possèdent une propriété spéciale, qui a été dénommée, pour la commodité du langage, Facteur lipo-soluble, ou facteur A ou vitamine A.

Répartition du facteur A dans la nature. — *Son rôle dans l'organisme animal.* — Le facteur A est très inégalement répandu dans les produits naturels. Nous ne pouvons en donner ici un inventaire même sommaire. Mais nous dirons que, d'une manière générale, il est, chez les végétaux, beaucoup plus abondant dans les parties vertes (luzerne, trèfle, laitue, épinards) que dans les graines. En ce qui concerne ces dernières L. Randoin et H. Simonnet (7) estiment que la dose suffisante en graines de céréales comme source de facteur A s'élève environ à 50 % de la ration, tandis que cette dose se réduit à 10-20 %, si l'on utilise uniquement le germe de ces graines. Il est difficile d'établir un parallélisme entre la teneur en Facteur A et la richesse des tissus végétaux en matières grasses : si certaines huiles végétales ou certaines matières grasses de réserve en contiennent en abondance, d'autres par contre en sont pratiquement dépourvues. En ce qui concerne les céréales, faisons cependant remarquer un rapprochement possible entre la localisation des matières grasses dans le germe et l'abondance du Facteur A qui y est contenu.

Chez les animaux, par opposition aux végétaux où il se peut que le facteur A soit en rapport avec le tissu qui le forme, cette vitamine se trouve répandue dans tout l'organisme en proportion de son abondance dans la nourriture, de sa solubilité et de son affinité pour certains constituants des tissus, en particulier pour le tissu adipeux. Les animaux, en effet, sont incapables de faire la synthèse du facteur A. Ils le trouvent, soit dans une alimentation végétarienne, soit dans leurs proies par un processus intermédiaire.

Les tissus animaux riches en lipoïdes (Beurre, Jaune d'œuf) et les huiles de poisson, l'huile de foie de morue par exemple, en sont particulièrement riches.

La quantité de Facteur A réclamée par l'organisme animal paraît être proportionnelle à la rapidité du développement, ainsi que l'a montré H. Simonnet (2) ; aussi ce facteur doit-il nécessairement intervenir dans les processus de multiplication cellulaire.

L'hypothèse, qui paraît actuellement la plus vraisemblable, est que le facteur A joue un rôle dans le métabolisme des lipides, soit qu'il représente un élément constitutif de certains d'entre eux, soit qu'il intervienne du fait de sa grande capacité d'oxydation (v. propriétés du F. A).

Nature chimique et propriétés du Facteur A. — 1ᵒ) *Nature du Facteur A.* — Comme nous l'avons déjà dit, nous ne sommes encore que très peu renseignés sur la nature chimique de ce non dosé. Actuellement cependant de nombreux auteurs (a) s'accordent pour reconnaître qu'il s'agit d'une matière organique ne renfermant ni Azote ni Phosphore, qui serait contenue dans la partie insaponifiable des lipides, sans doute un composé ternaire, alcool non saturé de poids moléculaire élevé, dont la nature reste encore à déterminer.

2ᵒ) *Solubilité du Facteur A.* — Le facteur A n'est pas soluble dans l'eau. Son absence dans le thé de foin fournit une vérification pratique de cette insolubilité [Dechambre et

---

(a) Voir L. RANDOIN et SIMONNET, tome II, page 140.

Malterre (2)]. En général il est plus ou moins entraîné par les solvants des graisses, éther, alcool absolu, etc...

En s'appuyant sur ce dernier fait, Steinbock et Boutwell ont eu l'idée d'extraire la vitamine A des tissus végétaux directement au moyen des lipides eux-mêmes. Les résultats n'ont pas été très satisfaisants. Il est vraisemblable que chez les végétaux le facteur A est engagé dans des combinaisons, qui ne sont pas directement solubles dans les lipides. Il ne faudrait cependant pas conclure de là que, dans l'hypothèse où le facteur A n'existerait pas à l'état dissous dans la matière grasse du grain d'avoine, il n'y aurait pas de perte de ce facteur lors de l'aplatissage : il suffit, en effet, qu'il s'y trouve, dissous ou non, pour qu'il soit entraîné mécaniquement avec la matière grasse, qui exsude.

3°) *Action des principaux agents de destruction sur le facteur A.* — Les alcalis n'ont aucune action sur la vitamine A. Par contre, au cours de l'hydrogénation des lipides, la destruction est très marquée.

Mais c'est principalement sur l'action de l'oxygène et de la température que nous devons porter notre attention.

Le facteur A est très sensible à l'action de l'oxygène de l'air (Drummond). Sa destruction est déjà nette à l'air libre et à la température ordinaire. Elle s'amplifie quand la température augmente.

C'est ainsi qu'à 120° la perte en vitamine A est considérable après 4 heures de traitement dans un beurre aéré d'une façon intense.

Cependant, il faut signaler que l'action de la chaleur seule est inefficace avant 200° (Southgate).

C'est également à une oxydation que l'on doit rapporter l'abaissement souvent marqué de la teneur en facteur A de l'huile de foie de morue émulsionnée.

Signalons enfin que l'oxydabilité du facteur A varie avec son support et que sa résistance paraît être plus grande lorsqu'il est inclus dans les tissus végétaux que lorsqu'il l'est dans les tissus animaux.

***

Il résulte de ce qui précède que, lors de l'aplatissage de l'avoine, la vitamine A peut disparaître par oxydation. S'il en est ainsi, l'expérience biologique doit pouvoir déceler cette disparition. Il apparaît dès lors comme utile d'étudier en détail l'avitaminose A.

II.

ETUDE DE L'AVITAMINOSE A

Réactif biologique. — Régimes

Si jusqu'alors, parmi nos grandes espèces domestiques, la carence en facteur A ne s'est bien manifestée que chez le porc, par contre les espèces expérimentales s'y sont montrées très sensibles. En particulier, le rat blanc (Mus norvegicus) reste l'animal de prédilection pour l'étude du facteur A. En effet, cette petite espèce albinos est douce et plastique. Elle s'accommode facilement des régimes monotones que l'on peut lui offrir et se reproduit avec une rapidité, qui permet d'obtenir des résultats économiques en même temps que nombreux et précis. Elle est d'autre part peu accessible aux maladies contagieuses. Sa sensibilité au facteur A en fait pour le chercheur un révélateur puissant.

La méthode d'analyse, où l'animal est utilisé comme un véritable réactif est d'un usage constant dans le problème des vitamines. Elle est bien connue et nous n'avons pas à y insister, si ce n'est pour rappeler son importance et dire qu'elle comporte, outre le choix de l'animal réactif, la recherche du régime approprié à l'étude entreprise et à l'animal utilisé.

Les régimes alimentaires destinés à l'étude des carences, et que l'on peut offrir à l'animal, nécessitent la connaissance des besoins exacts de son organisme, connaissance basée sur la nature et la composition des aliments naturels, qu'il consomme spontanément. Ils doivent en général répondre aux critères suivants :

1°). — Leur composition doit être telle que l'adjonction de la substance déficiente les rende complets ;

2°). — L'adjonction de la substance déficiente seule doit les rendre complets.

Le plus souvent, les régimes naturels ont l'inconvénient de ne point être exactement définis quant à leur composition et de renfermer des traces de vitamines. Aussi, dans la plupart des cas, a-t-on recours à des régimes artificiels, dont les éléments ont été purifiés et associés en proportion convenable. L'étude de ces régimes destinés aux différentes espèces, en particulier au rat, a été exposée en détail par L. Randoin et H. Simonnet (8). Voici, à titre d'exemple, la composition d'un régime dépourvu de facteur A destiné au rat et qui a servi de base à nos expériences.

Peptone pancréatique de muscle .	17	(Régime Pénau et Simonnet).
Source de facteur B (levure de bière sèche)	3	
Saccharose	76	
Matières minérales	4	(Formule d'Osborne et Mendel)
Papier filtre		ad libitum.

Symptomatologie de l'Avitaminose A

1º *Généralités*. — Quelle que soit la vitamine absente, la courbe de variation pondérale du jeune peut se diviser en trois périodes :

Une première période, dont la durée est fonction des réserves que l'animal a pu se constituer à l'aide de l'alimentation antérieure et durant laquelle la courbe pondérale de croissance reste normale ;

Une deuxième période caractérisée par un ralentissement de la croissance conduisant à un état stationnaire de durée variable, et pendant laquelle les animaux commencent à présenter des troubles ; elle correspond à un apport de facteur juste suffisant pour maintenir le poids de l'animal ;

Enfin, une troisième période, dont la durée dépend du poids et de l'âge de l'animal ; elle constitue la phase de déclin, qui se termine irrémédiablement par la mort.

Chez l'adulte, la courbe de poids se réduit à deux périodes, à la phase d'équilibre et à la phase de déclin.

2º *Signes cliniques de la carence en facteur A.* — a) *Xéroph-talmie.* — Mis à part l'arrêt de croissance, la manifestation la plus apparente de la carence en facteur A est l'apparition d'une affection oculaire désignée sous le vocable de Xéroph-talmie et que l'on peut rapprocher de la kératomalacie obser-vée dans le hikan de l'enfant. Cette affection est en particu-lier très visible sur le rat en raison de son caractère albinos. Elle apparaît généralement aux périodes d'équilibre ou de déclin.

La xérophtalmie se traduit par une légère tuméfaction palpébrale, une secrétion muqueuse, qui se concrète en croû-telettes brunâtres, principalement à l'angle interne de l'œil. Puis la cornée devient mate et sèche et, suivant les cas, l'affection reste stationnaire ou conduit à l'ulcération de la cornée et, de là, à toutes les complications oculaires dûes à l'infection. L'administration d'un régime curatif arrive à guérir aisément la xérophtalmie sans toutefois réparer les désordres causés par l'infection. Il y aurait au début un trouble de la nutrition de la cornée ou des organes annexes. C'est pourquoi l'expérimentateur, qui cherche un critère dans la xérophtalmie doit s'appuyer sur les lésions primitives. Ce critère cependant ne peut pas être absolu, car l'affection n'apparaît pas toujours. Cependant l'on est fondé à admettre avec L. Randoin et H. Simonnet (9) que la xérophtalmie est une conséquence de la carence ou facteur A et que sa cure, accompagnée de la reprise de la croissance, est la preuve que la modification de régime a bien porté sur l'introduction du facteur A.

b) *Autres signes de carence.* — Ces signes sont peu nombreux et peu précis (mauvaise nutrition cutanée, diarrhée, inappé-tence, etc...). La diminution de la résistance à l'infection paraît être nette, diminution accompagnée d'une thrombo-pénie marquée. — D'après Cramer, Brew et Mottram, cette diminution du nombre des plaquettes sanguines paraît être un signe précoce et constant. Signalons également la présence de nombreux calculs vésicaux.

Lésions de l'Avitaminose A. — Seules les variations pondé-rales des principaux organes, que Simonnet (2) a mises en lumière, sont intéressantes. Cet auteur a montré que la carence en facteur A frappait électivement le testicule, dont le développement est complètement arrêté. Ajoutons enfin que des troubles de l'ossification (arrêt de l'ostéogénèse, ostéoporose), bien différents de ceux du rachitisme, sont déterminés par la même carence (Hess, Mc Cann et Poppenheimer).

**

En nous basant sur la conclusion, que nous avons tirée de l'étude générale des vitamines de l'avoine, en possession des données, que nous a fournies l'étude du Facteur A, nous pouvons aborder la solution expérimentale du problème, que nous nous sommes proposé.

CHAPITRE VI

Contenu en Vitamines de l'Avoine Aplatie

I. Généralités. — Si la teneur en vitamines de l'avoine aplatie n'est plus celle de l'avoine entière, c'est que l'aplatissage a entraîné ou une augmentation, ou une diminution de la quantité de vitamines primitivement contenue dans l'avoine entière.

L'hypothèse de l'augmentation n'est pas à envisager : nous avons vu en effet, que l'excès de vitamines n'était pas nuisible à l'organisme, (exception faite pour le facteur D trop irradié) ; par suite, les inconvénients signalés dans l'emploi de l'avoine aplatie, ne sauraient être attribués à une différence en ce sens.

Si l'on examine l'hypothèse de la diminution, on ne peut songer qu'à une perte par élimination mécanique de substance ou à une destruction par les agents extérieurs. (Nous négligeons l'action des diastases, cette action étant, comme nous l'avons dit, insignifiante en raison de la faible quantité de ces substances présente dans les grains non germés).

S'il s'agit d'une perte, les seuls éléments susceptibles de disparaître en quantité appréciable, pendant ou après l'aplatissage, sont l'eau et la matière grasse. L'eau qui entraînerait le facteur B ne peut s'échapper que par évaporation : or nous savons que le facteur B résiste à la dessication.

Seule donc la matière grasse pourrait entraîner le facteur A.

S'il s'agit d'une destruction, c'est encore le Facteur A qui seul pourra disparaître, puisque seul il est altérable sous l'action de l'oxygène et cette disparition n'a rien d'impossible, les matières grasses du germe qui contiennent très vraisemblablement ce facteur, pouvant être mises au contact de l'air.

C'est donc finalement sur la diminution en Facteur A que nous avons demandé à l'expérience biologique de nous fixer.

Mais, objectera-t-on, la faible teneur de l'avoine en facteur A range cette substance au nombre de celles dont l'activité est faible. Dans ces conditions, quelle répercussion peut avoir sur l'entretien des équidés une destruction partielle de la vitamine ? Nous répondrons que, d'une part, il peut arriver que l'avoine, pour certains équidés, constitue la seule source de Facteur A et que cette source, si faible soit-elle, venant à tarir, il n'en résulte des troubles pour l'animal, et que, d'autre part, l'intérêt de la supposition peut être étendu à d'autres espèces, dont nous consommons les produits — (bovins et ovins).

Comme réactif biologique, et pour les raisons données précédemment, nous avons choisi le rat blanc. Cette petite espèce est précieuse à cause de sa sensibilité, mais les résultats qu'on en peut tirer sont d'autant plus probants que l'effectif de la troupe est plus nombreux. Aussi nous nous sommes efforcés d'opérer sur un nombre de rats aussi grand que possible. Ce nombre, dans nos expériences, a atteint le chiffre de 32. Il n'est pas considérable ; cependant il nous a permis d'interpréter les faits avec plus de précision. Nous ne pouvons évidemment relater ici tous les résultats obtenus : nous les schématiserons dans les courbes les plus significatives.

Avant d'entreprendre les expériences relatives à la diminution du facteur A, nous avons d'abord voulu nous rendre compte de la manière, dont le rat se comporterait en face d'une ration composée exclusivement d'avoine, soit d'avoine aplatie, soit d'avoine entière.

A priori, si l'avoine constitue pour le rat blanc un régime incomplet, si même ce régime détermine des troubles chez l'animal et le conduit à la mort, la différence qui peut exister, entre l'avoine aplatie et l'avoine entière doit se manifester. C'est pourquoi nous avons tout d'abord institué deux séries d'expériences sur des animaux de même sexe et de même âge. Dans chacun des lots, certains reçurent directement de l'avoine entière, d'autres de l'avoine aplatie préparée immédiatement avant la distribution, enfin un troisième groupe de l'avoine aplatie conservée depuis 24 ou 48 heures. Nous n'avons pas cru devoir dépasser ce délai, l'avoine étant en pratique rarement consommée après le 2e jour.

Au cours de ces essais, nous ne tardâmes pas à nous apercevoir, et toutes les expériences ultérieures ont confirmé cette observation, que l'avoine est nettement consommée sans appétit par le rat ; ce qui ne signifie pas d'ailleurs que l'avoine est un aliment incomplet pour cet animal.

Au début du changement de régime, le rat touche à peine à l'aliment. Puis, pressé par la faim, il le mange, mais sans que la consommation maxima, bientôt atteinte, dépasse 8 à 9 gram. par jour, ce qui représente les 3/4 environ de la ration normale d'un rat qui est de 15 grammes. Rapidement, il se lasse. Sa consommation diminue progressivement et finit par n'être plus que de 1 à 2 gram. par jour. La courbe des poids est sensiblement parallèle : entre 10 et 15 jours pour les jeunes, 15 à 20 jours pour les adultes suivant la consommation individuelle, la mort survient par sous-alimentation.

Y a-t-il dans l'avoine une substance toxique pour le rat (l'extrait éthéré de germe de blé est toxique pour cet animal) [Mc Collum, Simmonds et Pitz (2)] ou une odeur qui lui répugne ? Ce qui est certain, c'est que le rat consommant de l'avoine entière ou aplatie est un animal sous-alimenté.

Devions-nous, en présence de ces faits, changer le réactif biologique choisi ? Nous ne l'avons pas fait. Simonnet (2) a en effet, montré que si la sous-alimentation arrête la croissance, comme la carence en Facteur A elle ne provoque point les troubles dus à cette carence, en particulier la xérophtalmie et l'atrophie du testicule.

Sans doute, si l'avoine est consommée seule, nous ne pourrons tenir compte de la courbe de poids en son sens absolu, mais, pour ce qui nous intéresse, il nous suffira de pouvoir comparer entre elles les courbes établies pour les rats appartenant à des lots différents. A fortiori, pourrons-nous le faire, si nous ralentissons les effets de la sous-alimentation par l'adjonction d'éléments artificiels *ad hoc*.

L'avoine entière est consommée par le rat après avoir été habilement décortiquée. Les glumelles sont à peine touchées par l'animal. Quant aux poils, qui entourent l'amande, ils sont finement détachés et, pour la plupart, laissés de côté.

L'animal a moins d'efforts préliminaires à faire quand il

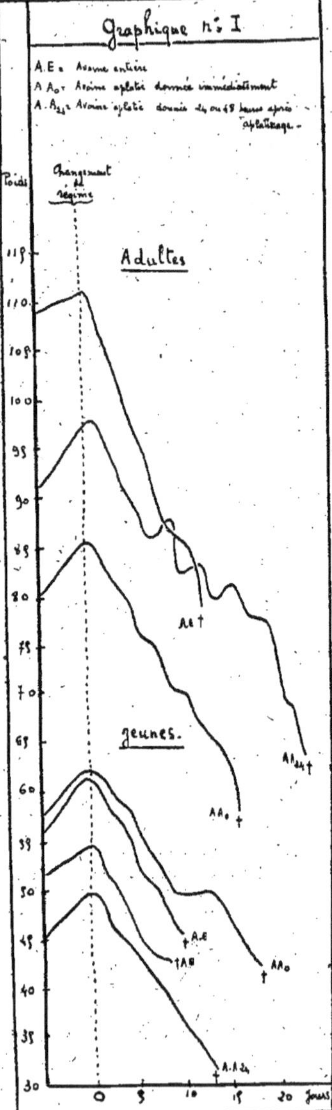

lui est distribué de l'avoine aplatie. Aussi sa consommation est-elle supérieure et il sera nécessaire de tenir compte de cette donnée lors de l'interprétation de nos expériences.

Les résultats obtenus dans cette première série d'expériences sont figurés dans le graphique n° 1. Pour les adultes et pour les jeunes, la courbe de poids est une courbe de sous-alimentation qui descend progressivement jusqu'à la mort. Aucune différence provenant de la forme d'avoine utilisée ne s'y trouve révélée, les petits écarts, que l'on peut observer, étant dus à l'inégalité de la consommation individuelle. Ce résultat n'a rien qui doive surprendre, étant donné la relative brièveté de la période de sous-alimentation. Dans les expériences ultérieures, nous nous efforcerons de rendre cette période plus longue.

II. Contenu en Vitamine A de l'Avoine aplatie. —
Méthode de dosage de la Vitamine A. — La méthode que
nous avons employée pour doser biologiquement le facteur A
dans les différentes avoines est la méthode curative. Elle
consiste à guérir les troubles déterminés par la carence en
Facteur A. Le point délicat est de saisir le moment où il
faut commencer à décarencer les animaux. Nous avons choisi
comme critère, suivant les expériences, tantôt l'arrêt de croissance provoqué par le régime artificiel dépourvu de facteur,
tantôt la xérophtalmie, conséquence de ce même régime, ces
deux sortes de troubles pouvant apparaître dans un ordre
variable ; il va sans dire que dans la même expérience nous
avons adopté le même critère.

Quant à l'unité de Facteur A, c'est-à-dire la quantité
minimum de substance curative nécessaire pour un certain
gain de croissance, — unité encore variable suivant les expérimentateurs, — il n'y a pas lieu de chercher à la définir
dans le cas présent. Dans la 2e période de nos expériences,
il s'agira toujours, en effet, étant donné la sous-alimentation
de l'animal, d'une perte de poids, ou tout au plus, d'un équilibre pondéral.

Nous nous contenterons donc de définir la quantité minima
d'avoine entière ou aplatie, que le rat aura consommée et
qui est nécessaire au maintien constant de son poids.

Précautions prises au cours des expériences. — Voici quel-
ques-unes des précautions prises au cours de nos essais en
vue d'éliminer toutes les causes d'erreur.

Les cages furent stérilisées, chaque rat possédant un
habitat particulier, avec double fond grillagé, afin d'éviter
la coprophagie.

La luminosité fut maintenue aussi constante que possible.
La température oscilla entre 15° et 20°.

A cause des difficultés pratiques, les animaux utilisés
furent de deux provenances bien distinctes. Pour ceux de
la première série X, le régime antérieur, auquel ils étaient
soumis, était nettement pauvre en facteur A. Pour ceux de
la seconde Y, au contraire, il en était abondamment pourvu. Il
est à peine besoin d'ajouter que, dans chaque expérience, les
rats étaient de même provenance. De plus ils furent choisis
de même sexe, de même âge et souvent de même souche.

5

Quant à l'avoine offerte aux animaux dans la deuxième période de l'expérimentation, elle fut triée grain à grain, de manière à éliminer toutes les impuretés. La variété employée en fut changée une fois. L'aplatissage fut tantôt normal, tantôt intense.

Le poids des animaux fut enregistré quotidiennement ainsi que le poids des aliments consommés.

Enfin, dans chaque expérience, un rat témoin fut gardé.

1re *expérience*

Nous avons employé dans cet essai des rats adolescents de la provenance X. La carence en facteur A fut obtenue à l'aide du régime Pénau et Simonnet. Elle dura environ 25 jours. Au bout de ce temps l'arrêt de croissance se produisit. Il se traduit dans les courbes du graphique n° II par un commencement de plateau. Le régime fut alors modifié, l'avoine devenant le seul aliment administré. Intentionnellement, nous n'avons pas à ce moment adjoint à l'avoine un aliment dépourvu de facteur A, mais plus appétissant. Nous pensions que les rats privés de facteur A pendant 25 jours et en trouvant brusquement dans leur nourriture seraient amenés à consommer une quantité supérieure d'avoine et cette prévision se réalisa en effet au début de la 2e période qui fut ainsi prolongée de quelques jours.

Remarquons ici que le rat carencé, qui trouve de l'avoine dans sa ration, mange la partie postérieure du grain, celle qui contient le germe, et parfois même ne mange que ce dernier. Ce fait s'est reproduit dans toutes nos expériences.

Dans cette 1re expérience l'interprétation des courbes est délicate, la période curative étant de courte durée. Les différences qu'on peut relever entre les différentes formes d'avoine, tiennent certainement encore à la diversité des appétits individuels.

Signalons cependant que pendant la 2e période nous avons observé sur tous les rats des signes de xérophtalmie et de paralysie du pénis. (Nous aurons l'occasion de revenir plus loin sur ces troubles).

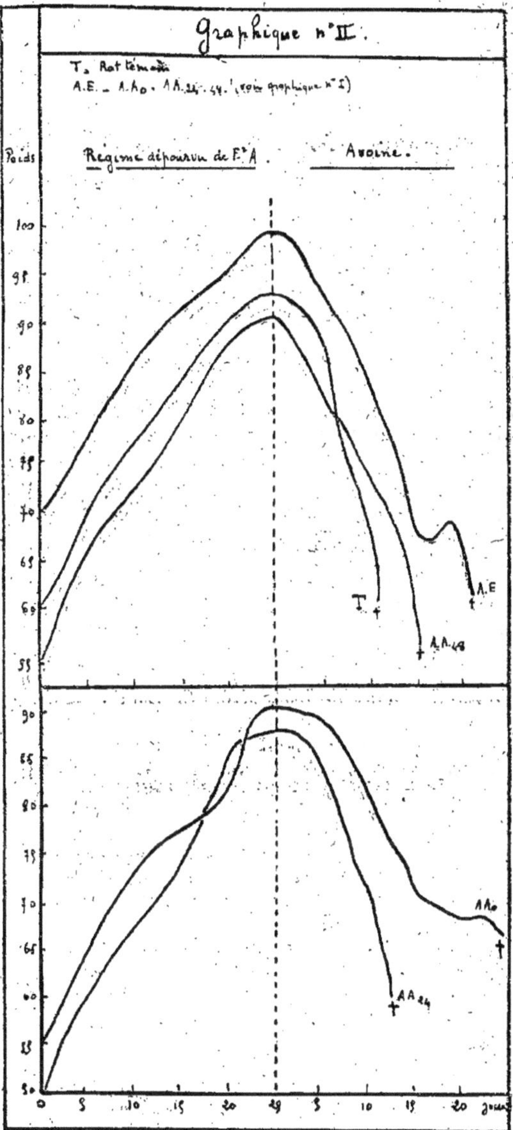

Graphique n° II.
T. Rat témoin
A.E. - A.A0 - A.A.24 - 24. (voir graphique n° I)
Poids
Régime dépourvu de F. A.
Avoine.
100
95
90
88
80
75
70
65
60
55
T.
A.E
A.A.24
90
85
80
75
70
65
60
55
50
A.A0
A.A24
0   5   10   15   20   25   5   10   15   20 jours

2ᵉ *expérience*

Elle ne se différencie de la première que sur les trois points suivants :

a) Les animaux utilisés appartenaient à la série Y.

b) Un supplément d'aliments fut ajouté à l'avoine au début de la 2ᵉ période.

c) Le critère choisi comme signe de carence fut la Xérophtalmie.

Le changement de provenance des animaux explique la croissance plus rapide lors de la 1ʳᵉ période, les rats de la série Y possédant de plus grandes réserves en facteur A que ceux de la série X.

La modification de l'aliment offert répondait à notre souci d'accroître la durée de la période de sous-alimentation. La ration avoine fut complétée par l'adjonction de matières minérales « ad hoc », de manière à compenser le déséquilibre minéral de la céréale, et d'une substance riche en facteur B sous forme de levure de bière sèche (le rat ne mange pas les glumelles de l'avoine).

Les résultats obtenus sont exactement du même ordre que ceux de la 1ʳᵉ expérience (voir graphique nᵒ III). Il n'y a là rien d'étonnant, la période de sous-alimentation était encore trop courte.

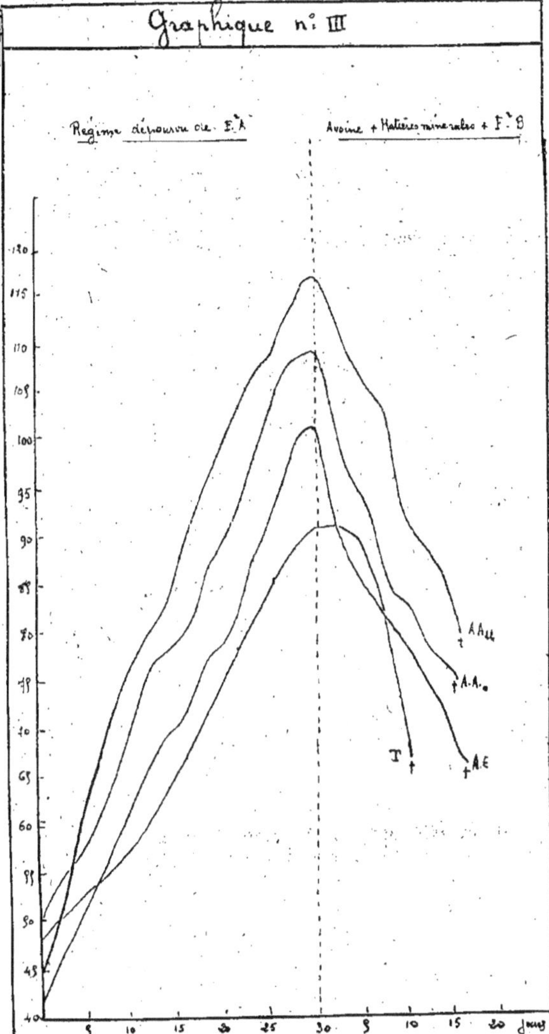

Graphique n° III
Régime dépourvu de F.A
Avoine + Matières minérales + F. B
120
115
110
105
100
95
90
85
80
75
70
65
60
55
50
45
40
5   10   15   20   25   30   5   10   15   20   jours
A A u
A.A.
T
A.E

3ᵉ *expérience*

Il nous fallait donc allonger nettement la période curative afin de tenter la mise en évidence de différences, qui jusqu'alors ne pouvaient se manifester.

Dans cette 3ᵉ expérience les substances alimentaires employées ne furent point changées, mais au lieu de supprimer

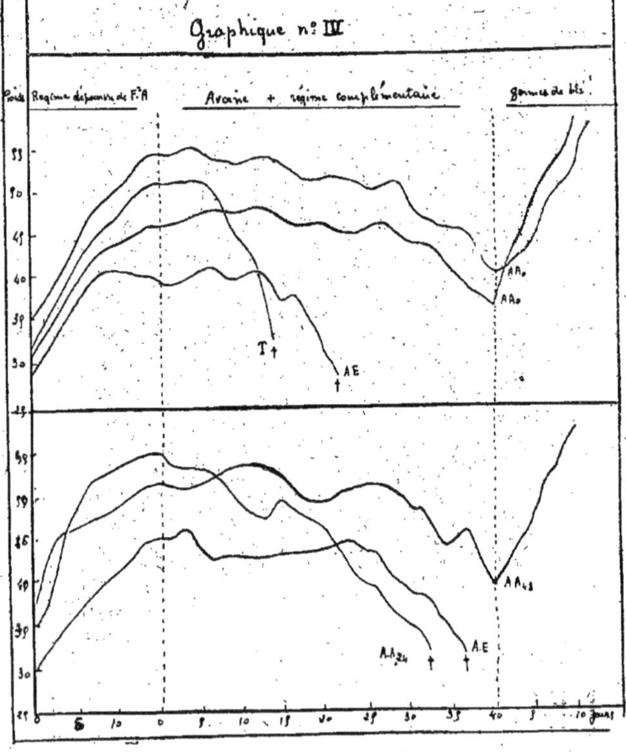

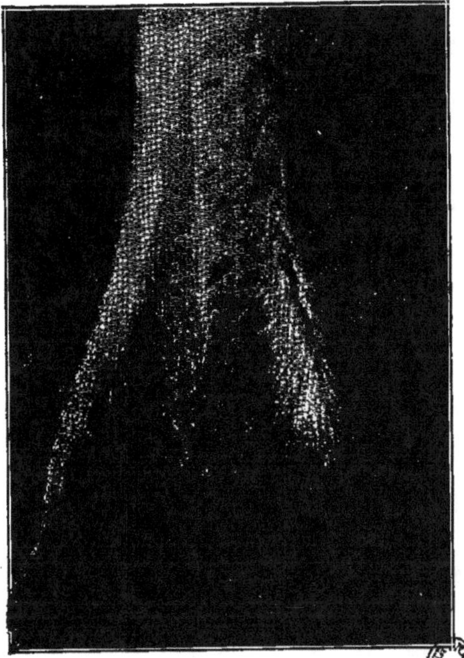

Paralysie du pénis chez un rat blanc carencé

brutalement le régime dépourvu de Facteur A, nous continuâmes à en offrir à l'animal parallèlement à l'avoine. Naturellement sa composition quantitative fut convenablement modifiée en tenant compte de la composition de l'avoine. Voici comment ce régime complémentaire était constitué.

Peptone	225
Saccharose	600
Levure de bière.............	25
Matières minérales	100

Il fut distribué à raison de 4 grammes pour 10 gr. d'avoine. Sans refaire ici les calculs, qui nous ont permis d'établir ce régime, disons simplement que nous avons pris comme base normale d'une ration de rat 10 gr. de régime complet (Pénau et Simonnet).

Calculer exactement la composition d'une ration de rat est d'ailleurs difficile en raison des variations de la quantité d'avoine consommée par l'animal et de la préférence, qu'il a manifesté d'emblée, pour le régime facile à mastiquer, c'est-à-dire le régime pulvérulent.

En somme, les rats en expérience avaient à leur disposition un plat de résistance dépourvu de Facteur A et un plat curatif leur apportant ce facteur : l'association de ces deux éléments nous a permis de prolonger notablement la durée de la seconde phase de l'expérience.

Les rats utilisés, de deux souches semblables, jeunes (1 mois) tous mâles, étaient de la série X : aussi l'arrêt de croissance se produisit-il au bout de 15 jours seulement. Le critère choisi fut l'arrêt de croissance.

Les résultats obtenus pendant la seconde période furent nets. Pendant cette période, qui dura pour certains sujets jusqu'à 40 jours, on peut voir sur les courbes du graphique n° IV que les animaux se sont maintenus en plateau pendant un certain temps ; puis, l'appétit diminuant, dans l'ensemble les courbes baissent.

Des signes de carence, xérophtalmie et paralysie du pénis furent observés parallèlement à l'arrêt de croissance :

La xérophtalmie resta stationnaire aussi longtemps que l'équilibre pondéral se maintint, mais dès que la consommation fléchit et que par suite la courbe de poids baissa, l'infec-

tion se produisit, se terminant pour certains sujets par l'ulcération de l'œil.

La paralysie du pénis, signe déjà observé par différents
auteurs, est apparue brusquement sur les 10 rats en expérience
presque le même jour. A ce propos, signalons le rapprochement, qui peut être fait entre cette pseudo-paralysie et la
lésion testiculaire atrophique, bien mise en évidence par
Simonnet et qui a été indiqué plus haut.

Nous avons ajouté aux courbes du graphique n° IV celle
d'un rat, dont l'arrêt de croissance très précoce nous a échappé
par suite d'une erreur dans l'évaluation du poids de l'animal.
Ce rat décarencé tardivement supporta mal le changement
de régime ; ses courbes de poids et de consommation mar-
quèrent bientôt une chute de plus en plus rapide.

Il mourut le 22e jour. Cet accident montre combien, en
ces sortes de recherches, l'application d'un critère peut être
délicate.

Enfin les 3 rats ayant vécu 40 jours après le changement
de régime et dont la courbe pondérale était en fléchissement
constant, reçurent à ce moment un aliment bien connu par
sa richesse en Facteur A, des germes de blé — (des difficultés
pratiques nous ont empêchés de donner des germes d'avoine).
Dans les 10 jours qui suivirent, la reprise de croissance fut
intense, comme on le voit sur les courbes du graphique n° IV.
La xérophtalmie et la pseudo-paralysie du pénis disparurent.

Les résultats de cette 3e expérience nous amènent aux
conclusions suivantes :

1°. — La quantité minima de Facteur A nécessaire à un
rat en croissance pour maintenir constant son équilibre
pondéral est supérieure à la quantité de ce facteur contenue
dans 6 grammes d'avoine.

Comme l'ont montré Mc Collum et Davis (1) l'avoine ne
possède donc bien qu'une activité faible en facteur A.

2°. — Le germe de blé est bien une substance riche en
vitamine anti-xérophtalmique.

3°. — Il n'y a aucune différence au point de vue de la
teneur en facteur A entre l'avoine entière et l'avoine aplatie,
cette dernière n'étant pas conservée plus de 48 heures.

CONCLUSIONS

1º. — L'avoine est un aliment pauvre en vitamines. Cette déficience pouvant avoir sa répercussion sur l'animal et sa descendance ainsi que sur l'homme, il est nécessaire d'adjoindre à la ration des aliments convenablement choisis ou à défaut des substances préventives connues, (choux frais, rutabaga, pissenlit, huile de foie de morue, levure de bière, germes de blé).

2º. — L'avoine est pour le cheval un aliment remplissant toutes les conditions qu'exige une alimentation rationnelle, mis à part sa faible teneur en vitamines et son déséquilibre minéral, lequel peut être utilement corrigé par l'administration de foin judicieusement sélectionné.

3º. — En ce qui concerne l'emploi de l'avoine entière et de l'avoine aplatie dans l'alimentation du cheval — on peut affirmer :

a) que la consommation d'avoine aplatie supprime les pertes dues au passage des grains entiers dans les fèces.

b) que la digestibilité de l'avoine aplatie est plus grande que celle de l'avoine entière.

c) que, si l'on possède de la force motrice à bas prix, l'aplatissage est une opération économique.

d) qu'il n'existe pratiquement aucune différence au point de vue des diastases et de leurs effets sur l'aliment entre lesdites avoines.

e) qu'il n'y a aucune différence dans la teneur en vitamines (notamment dans la teneur en Facteur A) entre l'avoine entière et l'avoine aplatie (cette dernière n'étant pas conservée plus de 48 heures).

En conséquence, il nous faut admettre jusqu'à preuve du contraire la supériorité alimentaire incontestable de l'avoine aplatie sur l'avoine entière.

Dans la pratique il convient donc de déterminer exactement et suivant les cas, la réduction de ration que l'alimentation à l'avoine aplatie doit entraîner, sans toutefois que cette réduction porte préjudice à l'animal.

Enfin si des troubles apparaissent, au lieu de les attribuer d'emblée à l'aplatissage, il importera de rechercher s'ils ne sont pas dus à une autre cause, tenant au milieu, à l'aliment, à l'individu, ou à un état pathologique.

Vu : *le Doyen,*   Vu : *le Président,*
H. ROGER.   RATHERY.

Vu et Permis d'Imprimer :

Le Recteur de l'Académie de Paris,
S. CHARLÉTY.

BIBLIOGRAPHIE

AMMANN (L.) — *Meunerie et Boulangerie*, 1925, p. 46. — Editeur : Baillière, 19, rue Hautefeuille, Paris.

ANDRÉ (G.) — *Chimie du sol*, Tome I, 1923, p. 89. — Editeur : Maison Rustique, 26, rue Jacob, Paris.

ARMSBY (H.-P.) — *The nutrition of farm Animals*, 1917.

BLARY (R.-P.) — *Quelques essais pour l'étude de l'influence de l'alimentation de la mère sur la croissance du jeune*. Thèse Dᵗ Vetʳᵉ, 1928. — Edit. : Jouve et Cie, 15, rue Racine, Paris.

BÉMELMANS (E.) — *Over het verlies van haver bij paarden en over de wijze van voerdering, waardoor zulks wordt workoren* (Militair spectator, 1926). — (voir Rec. de méd. vét. Alfort, T. CIII, n° 10).

BERTRAND (G.) et NAKAMURA (H.) — *Bull. Soc. Sc. Hyg. Alimentaire*, 1925, 13-371.

BOUCHET (père) — *Sur l'Avoine aplatie* (Discussion), 1927. (Rec. de méd. vét. Alfort, T. CIII, n° 10).

BROCQ-ROUSSEU (D.) — *Sur l'Avoine aplatie*, 1927 (Rec. de méd. Vét. Alfort, T. CIII, n° 10).

CHARON. — *Etude sur l'Avoine*, 1882. (Rec. sur l'Hyg. et méd. vét. mil., p. 157-221).

CRAMER (W.) DREW (A.-H.) and MOTTRAM (J.-C.) — *Similarity of effects produced by absence of vitamins and by exposure to X rays*, 1921. (Lancet I, 963).

DECHAMBRE (P.) — 1) *Les nouvelles théories alimentaires et leurs applications à l'élevage*. (Rev. de Zootechnie, 1927, n° 2, p. 75).
2) *Analyse bibliographiques*. (Rev. de Zootechnie, 1928, n° 12, p. 389).

DECHAMBRE (P.) et CUROT (ED.) — *Les aliments du cheval*, 1903. — Edit : Asselin et Houzeau, Place de l'Ecole de médecine.
1) Chap. I et II.
2) p. 84-86.
3) p. 417.
4) p. 24.

DECHAMBRE (P.) et MALTERRE (J.) — 1), 2), *Recherches sur l'alimentation*. — (Ann. de l'Ec. Nle d'Agric. Grignon, t. VII, p. 10).

DEMAY (A.) — *Avantages comparés de l'Avoine entière, aplatie ou concassée dans l'alimentation des Animaux*, 1927. — (Bull. Soc. Vét. Pratique, n° 2 p. 56).

DENAIFFE et SIRODOT. — *L'avoine*, 1901. — Edit : Baillière.
   1) Chap. III.
   2) p. 12.
   3) p. 591.

DROUIN. — (Bull. Soc. Centrale Vét.re, Février 1903).

DRUMMOND (J.-C.) — *Note on the role of the antiscorbutic factor in nutrition*, 1919. — (Bioch Journal, 13, p. 81-94).

EVANS (H.-M.) and BISHOP (K.-S.) — *On the existence of a hitherto unknown dictary factor essential for reproduction.* — (Science 56, p. 650-651).

EVEN (V.) — *Avantages comparés de l'Avoine entière, aplatie ou concassée dans l'alimentation des Animaux,* 1927. — (Bull. Soc. Vét. Pratique, n° 2).

FORBÉS. — Ohio exp. Stat., Bull. 1903.

FROUIN. — d'après Maignon (2).

GAY (P.) — *Recherches expérimentales sur la digestibilité comparée de l'Avoine entière, aplatie ou concassée.* — (Ann. Agronomiques, 1896, t. 22, p. 145-160 ; 225-244).

GIRARD (A.) — *Composition chimique et valeur alimentaire des différentes parties du grain de Froment.* — (1884, Ann. de Phys. et chim. 6 S., t. III).

GIRARD (A.) et FLEURENT. — *Recherches sur la composition des blés tendres français et étrangers.* — (1899, Bull. du Mre de l'Agriculture, n° 6).

GRANDEAU. — D'après Dechambre et Curot, p. 87.

GRANDEAU et LECLERC. — *Etudes expérimentales sur l'alimentation du cheval de trait*, 4e Mem., 1889.

GREEN (H.-H.) and VILJOEN (P.-R.) — *Contribution to the study of deficiency diseases with special reference to the lamziekte problem in South Africa.* — (3th and 4 th Veter. Rescarch Rep., Dep. Agr., Union South Africa).

GOLDENBERGER (J.) WHEELER (G.-A.) and TANNER (W.-F.) — *Yeast in the treatmen of pellagra and Black-Tongue.* 1925. — (Public Health reports, Washington 40, p. 927, 928).

HENRY (A.) — *Sur l'Avoine aplatie* (Discussion), 1927. — (Rec. de méd. vét., Alfort, tome GIII, n° 10, p. 165).

HENRY (A.-A.) — *Recherches sur la mastication de l'avoine* 1907. — (Rec. et mem. sur l'Hyg. et méd. vét. mil.), t. IX ; p. 213-261.

HESS (A.-F.), Mc CANN (G.-F.), and PAPPENHEIMER (A.-M.) — 1921 ; II. *The failure of rats to develop nickets on a dret deficient in vitamin A.* — (Journ. Biol. Chem. 47, p. 395-409).

HOLST (A.) und FROHLICH (T.) d'après L. Randoin et Simonnet. — *La question des vitamines*, p. 14.

Hugues (J.-S.), Fitch (J.-B.) and Cave (H.) — *The quantitative relation between the vitamine content of feld eaten and milk produced*, 1921. — (Journ. Biol. Chem. 63, p. 205-209).

Jung. — D'après Maignon (2).

Kawakami. — *Beriberi produced experimentally in goats*, 1920. — (Voir Bull. Trop. Diseases, voir Bull. Inst. Pasteur, 15, 451).

Leblanc (U.) — *Sur l'alimentation des chevaux par l'avoine et l'orge comprimée et par le foin haché.* — (Rec. de méd. vét., 1858, p. 1156-1170 ; 1859, p. 41-53).

Lesne (E.) et Vagliano (M.) — *Production d'un lait de vache doué de propriétés antirachitiques.* — (1924, C. R. Acad. Sc., 179, 539).

Lindet. — (*Le froment et sa mouture*) d'après Ammann.

Luce (M.-E.) — *The influence of dict and Sunlight upon the growth promoting and antirachitic properties of cow's milk* (1924, Bioch. Journ. 18, p. 1279-1288).

Magne (J.-H.) et Baillet (C.) — *Traité d'agriculture pratique et d'Hyg.* V^re générale, 1875, t. III, p. 314. — (Edit : Asselin et Masson, Place de l'Ecole de médecine).

Maignon (F.) — 1) *Cours de physiologie animale.* (Ecole d'Alfort, 1926) 2) *Sur l'Avoine aplatie* (Discussion) 1927. — (Rec. Méd. V^re Alfort, T. CIII, n° 10, p. 166).

Mc Collum (E.-V.) and Davis (M.) — 1) *The influence of certain vegetable fats on growth*, 1915. — (Journ. Biol. Chem., 21, p. 179-182).
2) *Nutrition with purified food substances*, 1915. — (Journ. Biol. Chem., 20, p. 641-658).

Mc Collum (E.-V.) Simmonds (N.) Becker (J.-E.) and Shipley (P.-G.) — *Studies on experimental rickets XXI. An experimental demonstration of the existence of a vitamin which promotes calcium déposition*, 1922. — (Journ. Biol. Chem., 53, p. 193-312).

Mc Collum (E.-V.) Simmonds (N.) and Pitz. — 1) *The nature of the dietary déficiences of the oat Kernel*, 1917. — (Journ. Biol. Chem., 29, p. 341-354).
2) *The distribution in plants of the fat soluble A, the dietary essentiel of butter fat*, 1916. — (Am. Journ. Physiol. 41 p. 363-375).

Monvoisin (A.) — *Alcool et Distillerie*, 1910. — Edit : Douin, 8, place de l'Odéon, Paris.

Moret (J.) — *Avantages comparés de l'Avoine entière, aplatie ou concassée dans l'alimentation des Animaux*, 1927. — (Bull. Soc. vét. prat. n° 2, p. 57).

Osborne (T.-B.) and Mendel (L.-B.) — 1) *Nutritive value of the barley, oat, rye, and wheat Kernels*, 1920. — (Journ. Biol. Chem., 41, p. 275-306).
2) *The influence of cod liver oil and some other fats on growth*, 1914. — (Journ. Biol. Chem., 17, p. 401-408).

Papin. — d'après Charon, p. 171.

Parent (R.) — *Avantages comparés de l'avoine entière, aplatie ou concassée dans l'alimentation des Animaux*, 1927. — (Bull. soc. vet. prat. n° 2, p. 58).

Pénau (H.) et Simonnet (H.) — *Régimes simples carencés en facteur lipo-soluble A* ; 1922. — (Bull. Soc. Chem. Biol, 4, p. 192-205).

Pizon (A.) — *Anatomie et physiologie végétale*, 1921, p. 395. — Edit : Douin.

Pommelle (E.) — *Maladie de la croissance des poulains*. (Thèse Dt vét., 1925. — Edit : Duciel, à Saulieu.

Randoin (L.) et Simonnet (H.) — *Les données et inconnues du Problème alimentaire*, 1927.

Tome I. — *Le problème de l'alimentation.*
Tome II. — *La question des vitamines.* — Edit : Presses universitaires de France.

1) Tome I, p. 196.   6) Tome II, p. 40.
2) Tome I, p. 191.   7) Tome I, p. 191.
3) Tome II, p. 103.   8) Tome II, chap. II.
4) Tome II, p. 25.   9) Tome II, p. 206.
5) Tome I, p. 197.
10) *Essai de définitions des vitamines*. 1925. — Bull. Soc. Chim. Biol. 7, 1020.
11) *Les vitamines et l'Alimentation du Porc*, 1929. — C. R. du Congrès de l'élevage du Porc.

Roy (G.) — *Avantages comparés de l'avoine entière, aplatie ou concassée dans l'alimentation des Animaux* (1927). — Bull. Soc. vet. prat., n° 2, p. 59.

Savary (P.-C.) — *Avantages comparés de l'avoine entière, aplatie ou concassée dans l'alimentation des animaux* (1927). — Bull. soc. vet. prat., n° 2, p. 56.

Simonnet (H.) — 1) Conférence faite à l'Ecole Nle Vét. d'Alfort, Février 1929.
2) *Le facteur lipo-soluble A, la croissance et la reproduction*, 1925 Thèse, Sciences naturelles.

Steenbock (H.) and Boutwell (P.-W.) — *Fat-soluble vitamine VI. The extractibility of fat. Soluble vitamine from carrots alfafa and yelow corn by fats solvents* 1920. — (Journ. Biol. Chem., 42, p. 131-152).

Suzuki (V.), Shimamura (I.) und Odake (S.) — *Ueber Orizanin, ein Bestandteil der Reiskleie une Seine physiologische Bedentung*, 1912. — (Bioch-Zeitsch, 43, p. 89-153).

Valtat. — D'après Leblanc, p. 1096.

Villiers (A.) Collin (E.) et Fayolles (M.) — *Traité des Falsifications et altérations des substances alimentaires*, 1909. — Tome V, p. 54. — Edit : Douin.

TABLE DES MATIÈRES

CHAPITRE V

CHAPITRE VI

Imprimerie du Montparnasse et de Persan-Beaumont
47, Rue de la Gaîté, Paris-xive

www.ingramcontent.com/pod-product-compliance
Lightning Source LLC
LaVergne TN
LVHW021041050726
842519LV00003B/956